Bibliografische Information der Deutschen Nationalbibliothek
Die Deutsche Nationalbibliothek verzeichnet diese Publikation in der Deutschen Nationalbibliografie; detaillierte bibliografische Daten sind im Internet über http://dnb.d-nb.de abrufbar.

Kati Jagnow und Dieter Wolff,
"Modernisierungskonzept für ein Mehrfamilienhaus in Braunschweig"

© 2007 Kati Jagnow und Dieter Wolff
Alle Rechte vorbehalten
Satz: Kati Jagnow
Umschlag: Kati Jagnow
Illustrationen, Fotos, Grafiken: Kati Jagnow
Herstellung und Verlag: Books on Demand GmbH, Norderstedt

ISBN-13: 9783833492501

Kati Jagnow
Dieter Wolff

Modernisierungskonzept für ein Mehrfamilienhaus in Braunschweig

Ein Energieberatungsbericht mit Kommentar

Vorwort und Einleitung

Wir danken Ihnen für den Erwerb dieses Buches und hoffen, Ihnen in Ihrer täglichen Arbeit als Energieberater ein wenig weiterhelfen zu können. Bevor der Hauptteil beginnt, hier einige einleitende Worte über das Buch und das Braunschweiger Mehrfamilienhaus.

Unser Ziel

Wir, die Autoren, bilden Energieberater aus und arbeiten selbst als solche – in verschiedenen größeren und kleineren Projekten. Mit dem vorliegenden Buch möchten wir Energieberatern eine Anleitung geben, wie ein Energieberatungsbericht aussehen kann, was man einem Bauherren und Leser alles zumuten kann, wie man Bilanzergebnisse richtig interpretiert und gute Vorschläge unterbreitet. Außerdem werden einige Hintergründe für die Beratung – die Auswertung von Verbrauchsdaten, der Umgang mit Software, die Kosten einer Beratung – als Themen angeschnitten. Unser wichtigstes Ziel: mit unserem Buch einen Beitrag für eine gute Energieberatung, viele zukünftig umgesetzte Energiekonzepte und damit einen Beitrag zum Energiesparen zu liefern.

Unvergängliches und Vergängliches

Grundsätzlich gilt für die Energieberatung ja ein ganz einfacher Ansatz: nimm ein Energiebilanzverfahren deiner Wahl und erstelle eine auf den Kunden zugeschnittene Energiebilanz. Überlege anhand der Bilanzergebnisse und der Kundenwünsche ein Verbesserungskonzept. Berechne Energieeinsparung, Wirtschaftlichkeit, Emissionsminderungen und schreibe einen kurzen Bericht. Das ist der unvergängliche Teil der Arbeit eines Energieberaters, auch für unser Beratungsobjekt; mit Bilanzprogrammen unserer Wahl und Randbedingungen, für die wir mit gutem Gewissen unterschreiben können. Dieser Teil des Buches ist universell.

Aber darüber hinaus gelten natürlich all die anderen, vergänglichen Randumstände einer Beratung: rechtliche Vorgaben und Förderrichtlinien, Preise und Kosten. Wir haben versucht, aktuelle Förderranddaten und die Maßgaben der geltenden Energieeinsparverordnung einzubeziehen. Dieser Teil des Buches wird nicht ewig aktuell sein. Hier müssen Sie als Leser vielleicht schon in wenigen Monaten ganz anders denken als wir. Aber unsere Vorgehensweise bei der Berücksichtigung dieser vergänglichen Vorgaben wird Ihnen dabei sicher helfen.

Nur für den Fall, dass dieses Büchlein ein Renner wird und sich in zwanzig Jahren keiner mehr erinnern kann, hier noch ein paar Anmerkungen zu den Vergänglichkeiten: Wir haben versucht, einen Beratungsbericht zu verfassen, der in seinem Inhalt den Vorgaben einer Vor-Ort-Beratung nach BAFA entspricht. BAFA, das Bundesamt für Wirtschaft und Ausfuhrkontrolle, fördert die Energieberatung zum Zeitpunkt der Manuskripterstellung 2007 mit einem Bargeldzuschuss, stellt aber Anforderungen an den Berater und den Berichtsinhalt. Weiterhin berücksichtigen wir eine Förderung der KFW, also der Kreditanstalt für Wiederaufbau. Diese gewährt 2007 modernisierungswilligen Bauherren zinsgünstige Kredite und sogar Tilgungszuschüsse (Schulderlasse), wenn gewisse Vorgaben zur Energieeffizienz nach der Modernisierung eingehalten werden. Die KFW bezieht sich dabei auf die aktuelle Fassung der EnEV. Womit auch die EnEV, also die Energieeinsparverordnung angesprochen wäre. Diese stellt im Jahr 2007 Anforderungen an die Energieeffizienz von Gebäuden, welche hauptsächlich durch einen unter normierten Randdaten berechneten Primärenergiebedarf bestimmt ist.

Hintergrund für das Projekt

Die Idee für das Beratungs- und Buchprojekt kam uns bereits vor zwei Jahren. Es sollten, wie es so schön heißt, zwei Fliegen mit einer Klappe geschlagen werden.

Zum einen wollten wir für unseren berufsbegleitenden Ausbildungskurs zum "Energieberater TGA" (www.energieberaterkurs.de) an der Fachhochschule Braunschweig/ Wolfenbüttel ein Praxisprojekt anbieten. Es sollte ein Gebäude sein, an dem die Kursteilnehmer innerhalb eines Seminarwochenendes eine reale Aufnahme durchführen, Verbesserungsvorschläge machen und Energieeinsparungen berechnen können. Bei der Gebäudewahl unterstützte uns eine Wohnbaugesellschaft in Braunschweig, mit der wir schon länger sehr gut zusammenarbeiten. Wir durften das Mehrfamilienhaus mehrfach besuchen und begehen – ohne dass die Mieter gleich an eine Invasion von Immobilienmaklern glaubten. Dafür gab es die Beratung umsonst. Dieser Teil unseres Projektes fand im Sommer 2006 mit neun Energieberaterteams statt und hat – so glauben wir – uns und den Beteiligten viel Erfolg und Erkenntnisse und auch Spaß gebracht.

Der andere Motivationsgrund waren die vielen generellen Nachfragen zur Erstellung eines Berichtes angehender Energieberater unseres Kurses in Wolfenbüttel, aber auch aus Berlin, Bremen, Hessen und Sachsen-Anhalt. Wie soll so ein Bericht aussehen, habt Ihr nicht mal eine Vorlage? Was muss drin stehen? Was verstehen denn unsere Bauherren? Wie bedient man Eure Software? Auf diese Fragen wollen wir mit dem Projekt auch Antworten geben. Deshalb haben wir die besten Ideen der neun Beratungsberichte zusammengefasst, unsere eigenen Gedanken dazugegeben und das vorliegende Buch mit Bericht und Kommentar verfasst.

Dank an alle Beteiligten

Wir danken allen, die bei der Erstellung des Berichtes mitgewirkt haben, vor allem Herrn Oliver Schmidt, der bei der Aufnahme und Dokumentation im Vorfeld große Klasse war sowie Herrn Ralf Schlueter und Herrn Torsten Voss von der beteiligten Wohnbaugesellschaft in Braunschweig.

Außerdem möchten wir unseren neun Energieberaterteams danken, die 2006 für das Mehrfamilienhaus im Rahmen ihrer Ausbildung in Wolfenbüttel Energieberatungen durchgeführt haben: Carsten Engelke, Wolfgang Frenzel, Hartmut Fricke, Jürgen Giersberg, Helmut Hanekamp, Reinhard Hauer, Wilfried Heimlich, Alexander Hübener, Albert Hüwel, Klaus Jehnert, Axel Junghans, Kathrin Kämper, Bernd Kirchhoff, Günter Kluge, Dietmar Korinth, Maren Lang, Günter Langelüddecke, Birgit Lüth, Holger Malecki, Katja Manger, Walter Marx, Alois Möst, Klemens Müller, Frank Nennstiel, Heinz Noormann, Jens Okraffka, Frank Peters, Christian Platter, Karl Rodust, Stefan Scherer, Alexander Schön, Michael Stieler, Thomas Wächter, Bernd Wimber und Gerhard Woker.

Weitere Hinweise

Das Buch enthält den Beratungsbericht, so wie er den Bauherren übergeben werden könnte, und nachfolgend den Kommentar. Alle aufgeführten Anhänge sowie die gesamte verwendete Software erhalten Sie kostenlos im Internet auf unserer Seite www.delta-q.de in der Rubik "Archiv" / "Buch Beratungsbericht".

Und nun viel Spaß beim Lesen und später viel Erfolg bei der Beratung!

Modernisierungskonzept für ein
Mehrfamilienhaus in Braunschweig

Energieberatungsbericht

Formuliert für
die Bauherren
bzw. Eigentümer

Der Bericht wurde erstellt von /
Das Projekt wurde bearbeitet von:

Kati Jagnow,
Dieter Wolff

Die Verantwortung für den Inhalt
des Berichtes liegt bei den Verfassern.

Inhalt

1 Einleitung 3
1.1 Aufgabenstellung 3
1.2 Grundlagen der Berechnungen 3
1.3 Verwendete Rechenverfahren und Programme 4
1.4 Hinweis 4
1.5 Wichtige Begriffe 5

2 Vorhandener Zustand 6
2.1 Allgemeines 6
2.2 Baukörper 6
2.3 Anlagentechnik 7
2.4 Nutzerverhalten 8
2.5 Energiebilanz 8
2.6 Verbrauchsdaten 10

3 Verbesserungsmaßnahmen 11
3.1 Vorgehensweise und Randdaten 11
3.2 Beschreibung der Einzelmaßnahmen 12
3.3 Ergebnisse der Einzelmaßnahmen 16
3.4 Beschreibung der Maßnahmenpakete 16
3.5 Ergebnisse der Maßnahmenpakete 17

4 Zusammenfassung 19
4.1 Endenergie und Heizlast 19
4.2 Investitionskosten 20
4.3 Wirtschaftlichkeit 21
4.4 Umweltrelevanz 22

5 Empfehlungen und Umsetzung 23
5.1 Empfehlung von Investitionsmaßnahmen 23
5.2 Sonstige Empfehlungen 24
5.3 Förderung 25
5.4 Hinweis zu den Ergebnissen 27
5.5 Nächste Schritte 27

6 Anhang 28
6.1 Quellen .... CD
6.2 Pläne und Fotos .... CD
6.3 Auszug Bestandsunterlagen .... CD
6.4 Verbrauchsdaten .... CD
6.5 Energiebilanz Bestand .... CD
6.6 Energiebilanz Verbesserungsmaßnahmen: Einzelmaßnahmen ... CD
6.7 Energiebilanz Verbesserungsmaßnahmen: Maßnahmenpakete .. CD
6.8 Unterlagen für die KFW .... CD
6.9 Wirtschaftlichkeitsberechnung .... CD

1 Einleitung

Das Thema Energieeinsparung ist in aller Munde. Die Nachhaltigkeit, die damit verbunden ist, schont Klima sowie Umwelt und sichert Energiereserven. Für den Einzelnen sind diese Effekte nicht sofort spürbar, hier zählen die jährlichen Ausgaben und Wohnkomfort.

Etwa ein Drittel der CO_2-Emissionen in Deutschland sind auf den Energieverbrauch von Gebäuden zurückzuführen. Das sind in Deutschland fast 300 Millionen Tonnen CO_2. Um diese kaum vorstellbar große Menge langfristig zu vermindern, hat Deutschland wie andere Industrienationen das Kyoto-Protokoll unterzeichnet und sich zum Energiesparen verpflichtet.

Die Umsetzung des hier vorliegenden Energiekonzeptes ist Ihr Beitrag, das deutsche CO_2-Einsparziel von 21 % (von 1990 bis 2008) wirtschaftlich zu erreichen.

1.1 Aufgabenstellung

Der vorliegende Energieberatungsbericht beschreibt, durch welche Maßnahmen am zu untersuchenden Gebäude wie viel Energie, Energiekosten und CO_2 eingespart werden können und in welchem Umfang diese Maßnahmen wirtschaftlich sind. Die zugehörigen Berechnungen (Energiebilanzen, Wirtschaftlichkeitsberechnungen) werden unter weitgehend realistischen Randdaten (Nutzer, Klima, Kosten usw.) durchgeführt, so dass sie für die Zukunft repräsentativ sind.

Nach vorherigen Absprachen mit dem Eigentümer sollen insbesondere solche Maßnahmen vorgeschlagen werden, die Kredite und Zuschüsse aus dem Bundesförderprogramm der KFW (Kreditanstalt für Wiederaufbau) in Anspruch nehmen. Die entsprechenden Nachweise zum Erreichen der Förderung sollen im Rahmen des Berichtes ebenfalls erstellt werden. Es handelt sich hierbei um zusätzliche Berechnungen (EnEV-Nachweise), die mit genormten Randdaten (Nutzer, Klima usw.) durchgeführt werden.

Der Bericht ist nach Vorgaben der BAFA-Richtlinien einer Vor-Ort-Beratung verfasst.
Die Nachweise für die Erlangung von Fördermitteln entsprechen den Vorgaben der KFW.

1.2 Grundlagen der Berechnungen

Vom Eigentümer wurden zur Verfügung gestellt:

- die Baubeschreibung aus den 1930er Jahren
- Bestandspläne aus den 1930er Jahren
- Verbrauchsdaten für 2 Jahre, in denen das Objekt voll bewohnt war
- Schornsteinfegermessprotokolle für den Kessel
- diverse Produktbeschreibungen für die Komponenten der Anlagentechnik aus den Revisionsunterlagen des Gebäudes

Darüber hinaus wurden im Rahmen einer Begehung weitere Informationen zur Nutzung, zum Zustand der Gebäudehülle (insbesondere der U-Werte) und der Anlagentechnik (Leitungslängen, Leitungsdämmung usw.) gewonnen. Eine Fotodokumentation wichtiger Gegebenheiten wurde erstellt. Die restlichen Daten wurden aus der Literatur bzw. dem Internet entnommen.

Die Rechengrundlagen finden sich in den Anhängen 6.2 bis 6.4. Die weiteren Quellen zur Ermittlung von Stoffdaten, Wetterdaten und Kosten sind im Anhang 6.1 genannt.

1.3 Verwendete Rechenverfahren und Programme

Die Berechnung wird in Anlehnung an bekannte Normen, Richtlinien und allgemein anerkannte Regeln der Technik durchgeführt. Folgende Rechenansätze und Programme kommen zum Einsatz:

1. für die Witterungskorrektur der Verbrauchsdaten:
    - Verfahren der VDI 3807 mit den vom Institut für Wohnen und Umwelt (IWU) veröffentlichten Wetterdaten, die auf Datenbasis der Messungen des Deutschen Wetterdienstes beruhen
    - Software: "Witterungskorrektur" und "Wetterdaten", Excel-Freeware, Herausgeber IWU und K. Jagnow
    - Bezug: www.delta-q.de und www.iwu.de
2. für die realistische Energiebilanz, welche auch nutzer- und standortspezifische Einflüsse berücksichtigen kann:
    - Energiepass Heizung und Warmwasser des Instituts Wohnen und Umwelt in Darmstadt
    - Software: "IWU Energieberatungstool", Excel-Freeware, Herausgeber IWU + Energieagentur NRW mit Ergänzungen von K. Jagnow
    - Bezug: www.delta-q.de
3. für die Wirtschaftlichkeitsbewertung unter Beachtung von Tilgung, Zinsen und Preissteigerungen:
    - LEG-Verfahren des Hessischen Wirtschaftsministeriums
    - Software: "Wirtschaftlichkeit LEG", Excel-Freeware, Herausgeber K. Jagnow
    - Bezug: www.delta-q.de
4. für die EnEV-Nachweise, welche von der KFW als Grundlage für Kredite und Tilgungszuschüsse verlangt werden:
    - EnEV-Rechenverfahren, d.h. die Berechnung des Heizwärmebedarfs nach Anhang 1 der EnEV und die Bewertung der Anlagentechnik nach DIN V 4701-10
    - Software: "EnEV Heizwärmebedarf" sowie "EnEV EP" und "EnEV Nachweis", Excel-Freeware, Herausgeber S. Horschler und K. Jagnow
    - Bezug: www.delta-q.de

1.4 Hinweis

Der Beratungsbericht wurde nach bestem Wissen aufgrund der verfügbaren Daten erstellt. Irrtümer sind vorbehalten.

Alle in diesem Bericht getätigten Aussagen zur Energieeinsparung beruhen auf Berechnungen und Prognosen, d.h. theoretischen Energiebilanzen, bei denen u. a. zum Nutzerverhalten und zu anderen, nicht genau bekannten Größen sinnvolle Annahmen getroffen werden müssen. Diese Annahmen wurden mit Sorgfalt getroffen und wurden anhand der bekannten Energieverbrauchswerte des jetzigen Gebäudezustands kritisch geprüft. Dennoch sind die berechneten Energieeinsparungen nur Näherungen.

Die Randdaten der Wirtschaftlichkeit sind ebenfalls gewissenhaft, weder zugunsten noch zu ungunsten einer Investition gewählt. Insbesondere bei den Investitionskosten handelt es sich um Schätzkosten, wie sie im Rahmen der Energieberatung üblich sind.

Die Durchführung und der Erfolg einzelner Maßnahmen bleiben in Ihrer Verantwortung. Sie sollten, insbesondere bei bedeutenden Investitionen in Baumaßnahmen und Heizungsanlagen immer mehrere Vergleichsangebote einholen und kritisch prüfen. Um Fehler zu vermeiden und eine fachgerechte Ausführung sicherzustellen, sollten Sie für die Umsetzung einen Fachplaner (Architekten oder Ingenieur) hinzuziehen.

Sollten Sie Fragen zum Beratungsbericht haben, so stehen wir Ihnen selbstverständlich jederzeit zur Verfügung.

1.5 Wichtige Begriffe

Wichtige Begriffe, die Sie im Bericht immer wieder finden, werden an dieser Stelle erläutert. Die weiteren Details folgen an der entsprechenden Stelle im Bericht.

Energiebilanz
Die Energiebilanz stellt den Energiemengen, die ein Gebäude verliert, die Energiemengen gegenüber, die dem Gebäude zugeführt werden. Diese Bilanz umfasst üblicherweise die Energiemengen für die Beheizung und Trinkwarmwasserbereitung, aber nicht den Haushaltsstrom. Üblicherweise werden die Energiemengen in einer Energiebilanz als kWh (Kilowattstunden) angegeben.

Energiegewinne und Energieverluste
Zu den Energiegewinnen (Zufuhr), die ein Gebäude neben der eingekauften Energie in Form von Gas, Öl, Fernwärme, Strom usw. hat, zählen die solaren Wärmegewinne über die Fenster und die inneren Wärmegewinne, z.B. aus der Abwärme seiner Bewohner. Zu den Energieverlusten (Abfuhr), die ein Gebäude hat, zählen Wärmeverluste aus Transmission durch die Außenhülle und aus Lüftung sowie die Technikverluste, z.B. Wärmeverluste der Rohre und Speicher im Keller oder des Kessels zum Schornstein hinaus.

Nutzenergie
Als Nutzenergie wird die Energiemenge bezeichnet, die für die Beheizung in den Räumen bereitgestellt wird (Heizwärmebedarf) bzw. die man in Form von Warmwasser aus dem Hahn zapft (Nutzwärme Warmwasser). Die Nutzenergie umfasst keine Technikverluste. Die Nutzenergie wird praktisch nie (exakt) gemessen. Meist sind nur Zähler zur Erfassung der Endenergie vorhanden, weil diese ja auch bezahlt werden muss.

Endenergie
Die Endenergie ist die Energiemenge an der Gebäudegrenze, die zur Deckung der Nutzenergie und aller Technikverluste aufgewendet wird. Die Endenergie entspricht der Energie, die der Kunde bezahlt (Gas, Öl, Fernwärme, Strom, Holz usw.). Sie ist die Grundlage für Einspar- und Wirtschaftlichkeitsberechnungen.

Primärenergie
Die Primärenergie ist ein Maß dafür, wie viel Grundenergie unserer Erde entnommen wird, um die Endenergie an der Gebäudegrenze bereitzustellen. Sie berücksichtigt also auch die Gewinnung des Energieträgers an seiner Quelle, die Aufbereitung und den Transport bis zum Gebäude.

Verbrauch und Bedarf
Mit "Verbrauch" werden die gemessenen Energiemengen bezeichnet. Beim "Bedarf" handelt es sich um gerechnete Werte. Für alle Einsparungen, die sich aus einer künftigen Energieeinsparmaßnahme ergeben, muss immer ein Energiebedarf gerechnet werden.

U-Wert
Die Wärmeübertragung eines Bauteils (z.B. der Außenwand) wird definiert durch den Wärmedurchgangskoeffizienten oder U-Wert. Er zeigt an, wie viel Wärme durch das Bauteil nach außen fließt. Je kleiner der Wert, umso besser das Bauteil und geringer die Verluste.

CO_2-Äquivalent
Das CO_2-Äquivalent ist ein Maß für die Umweltwirksamkeit des Energiebezugs. Für jede Kilowattstunde eines Energieträgers (Gas, Öl, Strom, Holz usw.) wurde in wissenschaftlichen Studien berechnet, wie viel umweltschädliche Stoffe (CO_2 und andere Stoffe werden gewichtet, daher "Äquivalent") entstehen, wenn diese Kilowattstunde verbraucht wird.

Gesamtkostenrechnung
Diese Art der Wirtschaftlichkeitsberechnung berücksichtigt zum einen Kapitalkosten (Zins und Tilgung für die Investition), die Energiekosten (mit Energiepreissteigerung) und zusätzliche Wartungs- und Unterhaltskosten (z.B. für wartungsintensive Techniken) über einen längeren Zeitraum.

2 Vorhandener Zustand

Im nachfolgenden Abschnitt wird das untersuchte Gebäude näher vorgestellt – hinsichtlich des Baukörpers, der Anlagentechnik und Nutzung, der Energiebilanz mit Schwachstellen und der Verbrauchsdaten.

2.1 Allgemeines

Die Beratung erfolgt für das Mehrfamilienwohnhaus in der ▮▮▮▮ Straße ▮, ▮▮▮▮ Braunschweig. Es wurde 1938 errichtet und weist 4 vermietete Wohneinheiten auf 2 Geschossen auf. Es ist im Besitz der ▮▮▮▮ Wohnbaugesellschaft, Braunschweig.

Der First des Gebäudes ist in Ost-West-Richtung ausgerichtet, die Hauseingangstür weist nach Norden. Das Gebäude ist massiv gebaut, freistehend und ist in dem Stadtviertel in mehrfacher Ausführung baugleich oder bauähnlich zu finden (siehe Luftbilder Anhang 6.2). Das Gebäude hat nach seinem äußeren Anblick Sanierungsbedarf an der Gebäudehülle, die Anlagentechnik ist in einem guten Zustand (Fotos siehe Anhang 6.2).

Das Gebäude wird der Klimaregion 5 "Braunschweig" zugeordnet. Repräsentative Wetterdaten des deutschen Wetterdienstes entstammen der Messstation in Magdeburg.

2.2 Baukörper

Als beheizter Bereich des Gebäudes wurden die Wohnungen ohne das innenliegende Treppenhaus festgelegt. Eine Skizze befindet sich im Anhang 6.2. Der beheizte Bereich ist eingeschlossen von der Kellerdecke als untere Abgrenzung und der obersten Geschossdecke als obere Abgrenzung, von den Außenwänden und Fenstern nach außen sowie Innentüren und Innenwänden zum Treppenhaus.

Alle Flächen und die Qualitäten der Bauteile (U-Werte) können Sie Tabelle 1 entnehmen. Als Vergleich sind U-Werte für die heute vorgeschriebene Sanierung (nach Energieeinsparverordnung EnEV) und den besten Standard (Passivhaus) angegeben. Eine Flächenaufstellung und die alten Pläne finden Sie in Anhang 6.2, die alte Baubeschreibung und das Protokoll der Begehung im Anhang 6.3, die Berechnung der U-Werte im Anhang 6.5.

Bauteil	Beschreibung	Fläche, in m²	U-Wert, in W/(m²K)		
			Ihr Haus im Bestand	EnEV-Sanierung	Passivhaus
Außenwände	Bims- bzw. Schwemmsteine als Hohlblocksteine, 25 cm, mit Putz innen und außen	276,4	0,90	≤ 0,35	ca. 0,15
Fenster	Kunststofffenster, 2-Scheiben-Wärmeschutzverglasung	36,6	1,7	≤ 1,7	ca. 0,80
Innenwände zum niedrig beheizten Flur	Bims- bzw. Schwemmsteine, 25 cm, mit Putz beidseitig	58,8	0,99	≤ 0,50	ca. 0,15
Wohnungstüren zum niedrig beheizten Flur	Holztüren, Sperrholzplatten 1 bis 4 cm Dicke, teilweise mit Glasanteilen	10,8	2,3	keine	ca. 0,80
oberste Geschossdecke	Holzbalkendecke, 26 cm Dicke, Lehmschlag mit Sand, Rohrgewebe mit Putz	153,3	0,83	≤ 0,30	ca. 0,10
Kellerdecke	Massivdecke mit Dielung oben, Steineisendecke mit Hohlsteinen	153,3	0,78	≤ 0,40	ca. 0,15

Tabelle 1 Flächen und Baukonstruktionen

Das Gebäude hat eine beheizte Fläche von 262,2 m² (in der Folge sind die Energiekennzahlen auf diese Fläche bezogen, dies ist die "Energiebezugsfläche"). Das Volumen des beheizten Bereichs beträgt 920 m³ (brutto, d.h. in Außenmaßen), das Luftvolumen (netto) beträgt 656 m³.

Das Dachgeschoss ist teilweise ausgebaut, wurde zu Zeiten der Wohnungsknappheit auch bewohnt. Es ist jetzt in einem nicht mehr bewohnbaren Zustand (Wasserleitungen wurden bereits zurückgebaut) und soll auch nicht ausgebaut werden. Der Keller ist nicht beheizt oder ausgebaut und enthält die Mieterkeller, Gemeinschaftskeller und den Heizraum. Die Fenster sind in Nord- und Südrichtung orientiert (Nord: 20,4 m², Süd: 16,2 m²). Die Fenster haben Energiedurchlassgrade g von 0,63.

Schwachstellen

Die Schwachstellen des Baukörpers sind vielfältig. Als wichtigster Punkt ist die mangelnde Wärmedämmung zu nennen. Weitere Auffälligkeiten sind Risse im Mauerwerk, Putzabplatzungen und defekte Klappläden. Die Haustür ist in einem schlechten Zustand und schließt nicht dicht, gleiches gilt für die Wohnungsinnentüren.

Offensichtliche Wärmebrücken, wie auskragende Balkonplatten, Heizkörpernischen, Rollädenkästen wurden nicht erkannt. Die Gebäudedichtheit des Bestandes ist nicht nachgewiesen und nach Sichtung der Wohnungstüren und der Haustür vermutlich nicht gegeben.

Wesentliche bisherige Investitionen

Mitte der 1990er Jahre wurden die Fenster erneuert.

2.3 Anlagentechnik

Die Heizungs- und Warmwasseranlage wurde im Jahr 2000 komplett neu installiert und entspricht heutigem Standard. Eine Zusammenfassung der Ergebnisse der Aufnahme finden Sie in Tabelle 2 und Tabelle 3.

Heizung	
Erzeugung	Niedertemperaturkessel Gas ohne Gebläse (atmosphärischer Brenner), Buderus Logano G124, Baujahr 2000, 28 kW, im Keller aufgestellt, Schornsteinfegermessprotokoll: liegt vor (Abgasverlust 5,2 %)
Verteilung	zentrale Verteilleitungen im Keller (frei unter der Decke, gedämmt), Steigestränge in Schächten (wenig gedämmt), Anbindeleitungen in den Wohnungen frei verlegt (nicht gedämmt), geregelte Heizungspumpe (Wilo TOP E 25/1-7)
Übergabe	Heizkörper unter den Fenstern mit Thermostatventilen (voreinstellbar)
Regelung	Nachtabsenkung (Soll) für ca. 7 Stunden, witterungsgeführte Regelung der Vorlauftemperatur, 70/55 °C Auslegung (geschätzt)
Lüftung	
System	keine mechanische Lüftung vorhanden – Fensterlüftung
Trinkwarmwasserbereitung	
Erzeugung	zentral mit der Heizung
Speicherung	200 l Speicher, indirekt beheizt, gut gedämmt, im Keller aufgestellt
Verteilung	Zirkulation (24 h/d) parallel zur Verteilung im Keller und zu den Steigesträngen, zentrale Verteilleitungen im Keller (frei unter der Decke, gedämmt), Steigestränge in Wandschlitzen (gedämmt), Anbindeleitungen in den Wohnungen (gedämmt), Zirkulationspumpe 31 W

Tabelle 2 Heizung, Lüftung, Trinkwarmwasserbereitung

Heizung		Länge, in m	DN	mm Dämmung
unbeheizter Bereich	Verteilung Vor- und Rücklauf	26	20-32	30
beheizter Bereich	Steigestränge Vor- und Rücklauf	14	10-15	30
	Anbindung Vor- und Rücklauf	ca. 200	10-15	0
Trinkwarmwasserbereitung		**Länge, in m**	**DN**	**mm Dämmung**
unbeheizter Bereich	Verteilung incl. Zirkulation	26	20-32	30
beheizter Bereich	Steigestränge incl. Zirkulation	14	15-20	30
	Anbindeleitungen ohne Zirkulation	ca. 50	10-15	0

Tabelle 3 Verteilsysteme

Die Leitungslängen im Keller wurden vor Ort aufgenommen, die Längen in den beheizten Bereichen wurden anhand der Pläne geschätzt. Das Protokoll der Gebäudeaufnahme sowie das Protokoll der Abgasmessung finden Sie am Anhang 6.3. Der für den Bestand ermittelte Nutzungsgrad des Kessels beträgt 92,8 % - siehe Anhang 6.5.

Schwachstellen

Die Anlagentechnik weist kaum Schwachstellen auf, lediglich eine hydraulische Einregulierung (hydraulischer Abgleich) des Netzes wurde nicht vorgefunden. Die Möglichkeiten der vorhandenen Regelung für Heizung (z.B. Anpassung der Heizkurve) und Trinkwarmwasserbereitung (Zeitsteuerung der Zirkulationspumpe) sind nicht voll ausgeschöpft.

Wesentliche bisherige Investitionen

Heizungsaustausch und Installation der Warmwasserbereitung im Jahr 2000.

2.4 *Nutzerverhalten*

Das Mehrfamilienhaus wird von 6 bis 8 Personen bewohnt (die genaue Anzahl schwankt). Es soll in der Berechnung der Einsparmaßnahmen von einer Vollbelegung ausgegangen werden.

Die Innentemperatur der beheizten Räume wird mit durchschnittlich 20 °C angenommen. Die teilbeheizten Räume machen geschätzte 20 % der beheizten Fläche aus (Schlafräume). Es wird von einem normalen Lüftungsverhalten (Luftaustausch 0,6 mal pro Stunde) und Wasserverbrauch ausgegangen.

2.5 *Energiebilanz*

Für das Bestandsgebäude wurde eine Energiebilanz erstellt. Sie zeigt auf, wo Schwachstellen des Gebäudes und der Anlagentechnik zu finden sind. Das gewählte Energiebilanzverfahren berücksichtigt die vor Ort ermittelten Gegebenheiten zum Gebäude, zur Technik, zur Nutzung und zum Standort. Daher ist es möglich, ein recht realistisches Abbild Ihres Gebäudes zu erzeugen.

Die wichtigen Ergebnisse der Bilanz sind in den nachfolgenden beiden Grafiken zusammengefasst. Zur Erläuterung: Die berechnete Endenergie für Raumheizung und Trinkwarmwasserbereitung beträgt 197 kWh/a je Quadratmeter beheizte Fläche. Ihr Haus ist damit etwa ein "20-Liter-Haus" (oder in Ihrem Fall ein 20 m³-Erdgas-Haus).

Das Haus bezieht aber auch noch von der Sonne Energie und aus inneren Wärmequellen, wie z.B. der Beleuchtung und der Wärmeabgabe von Menschen. Diese Energiezuflüsse (Gewinne) zeigt der untere Balken im Bild 1.

Die Energie verlässt das Haus als genutztes Warmwasser, durch die Hüllfläche als Transmissionsverlust, durch Lüftung, bleibt im Keller als Verteil- oder Speicherverlust oder geht als Verlust des Kessels in die Umgebung. Der obere Balken im Bild 1 zeigt, dass die größte Schwachstelle die Qualität der Hülle ist. Sie weist den größten Anteil der Energieabflüsse (Verluste) auf.

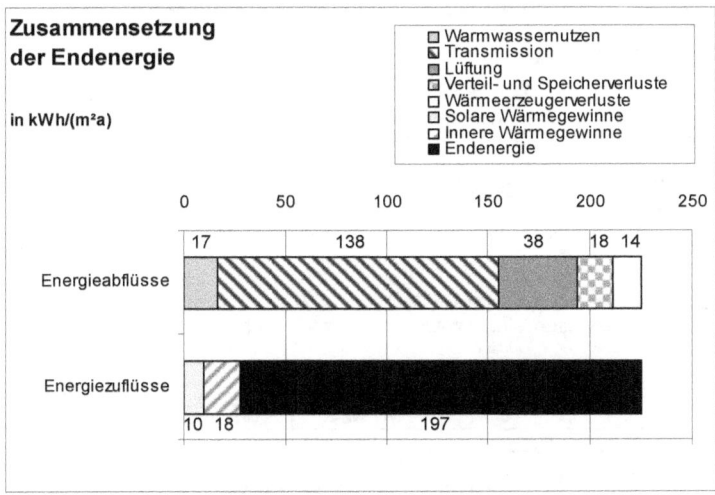

Bild 1 Endenergie Bestand

Die Qualität der einzelnen Bauteile der Hülle zeigt Bild 2 noch einmal detaillierter. Handlungsbedarf besteht vor allem bei der Außenwand. Nachfolgend kann auch über Maßnahmen bei Keller- und Geschossdecke nachgedacht werden. Die Fenster sind bereits neuwertig und fallen daher nicht in ein Sanierungskonzept.

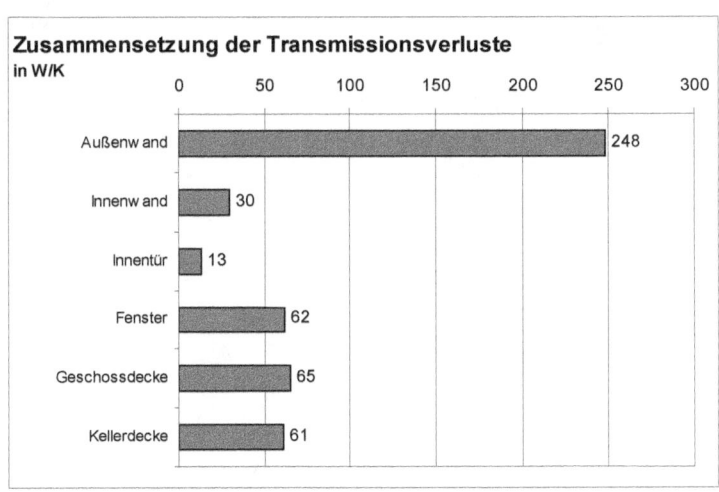

Bild 2 Transmissionsverluste Bestand

Bericht 9

Die Energiebilanz und alle Eingangsdaten finden Sie im Anhang 6.5. Dort finden Sie auch eine Übersichtstabelle der Ergebnisse sowie weitere Grafiken über die Energiemengen.

Fazit: Ihr Gebäude weist einen berechneten Energiebedarf für Heizung und Warmwasser von 51.800 kWh/a auf. Das entspricht etwa 5180 m³ Erdgas. Dabei entfallen etwa 17 % auf die Warmwasserbereitung und 83 % auf die Heizung. Darüber hinaus hat die Anlagentechnik einen Stromverbrauch von etwa 700 kWh/a für Pumpen, Regelung usw.

2.6 Verbrauchsdaten

Für das Gebäude wurden vom Eigentümer Verbrauchsdaten zur Verfügung gestellt. Es handelt sich um die Abrechnungen der Jahre 2003/2004 und 2004/2005. In diesen Jahren war das Gebäude voll vermietet, so dass die Daten als repräsentativ angesehen werden.

Da die beiden Messzeiträume jeweils ein individuelles Wetter aufwiesen, eine Energiebilanz aber von mittleren Klimadaten ausgeht, werden die Verbrauchsdaten witterungsbereinigt. Dazu dienen die Wetterdaten des deutschen Wetterdienstes. Die Berechnung finden Sie in Anhang 6.4.

Es zeigt sich, dass die beiden Jahre 6 % bzw. 7 % wärmer als das zurückliegende durchschnittliche Wetter gewesen sind (Witterungsfaktor). Daher liegt der korrigierte Verbrauch etwas höher.

Jahr	Witterungsfaktor	Verbrauch gemessen		Verbrauch bereinigt
		m³ Gas	kWh Energie	kWh Energie
2003/2004	0,94	5296	45286	48280
2004/2005	0,93	4956	42379	44993

Tabelle 4 Verbrauchsdaten

Als Mittelwert wird von einem Verbrauch für Heizung und Warmwasserbereitung von 46.600 kWh/a ausgegangen. Für den Wasser- und privaten Stromverbrauch gibt es keine Werte, da diese in Mieterbesitz sind.

Der in der Energiebilanz im Abschnitt 2.5 ermittelte Energiebedarf des Gebäudes beträgt 51.800 kWh/a und liegt damit leicht über dem witterungskorrigierten Verbrauch von 46.600 kWh/a. Die Abweichung von etwa 10 % ist akzeptabel und bestätigt die Annahmen der Bedarfsrechnung hinreichend genau.

3 Verbesserungsmaßnahmen

Der nachfolgende Abschnitt zeigt Verbesserungsmaßnahmen für das Gebäude auf. Es werden verschiedene Verbesserungen der Gebäudehülle und Anlagentechnik untersucht. Dabei war das Ziel, eine Modernisierung des Gebäudes so vorzunehmen, dass für die Umsetzung ein Kredit der KFW (Kreditanstalt für Wiederaufbau) in Anspruch genommen werden kann. Das bedeutet, das Gebäude muss nach der Modernisierung mindestens so gut sein, wie ein vergleichbarer heutiger Neubau oder – um verbesserte Kreditkonditionen zu erhalten – sogar 30 % besser als ein Neubau. Zur Förderung gibt Abschnitt 5.3 Aufschluss.

3.1 Vorgehensweise und Randdaten

Die Untersuchung von Einsparmaßnahmen erfolgt in zwei Schritten.

1. Untersuchung von Einzelmaßnahmen: ausgehend vom heutigen Zustand des Gebäudes werden einzelne Verbesserungen, z.B. nur die Außenwanddämmung oder nur der Kesseltausch, berechnet. Alles andere bleibt erhalten.
2. Untersuchung von Maßnahmenpaketen: aus den Einzelmaßnahmen werden sinnvolle Maßnahmenpakete zusammengestellt, mit denen das Sanierungsziel (Neubau, Neubau - 30 %) erreicht wird.

Jeweils werden die Energieeinsparung, die Mehrkosten und die Wirtschaftlichkeit bestimmt. Für die Berechnung gelten folgende wichtige Größen, die nachfolgende Tabelle erläutert:

Größe	Erläuterung	
Zins	6 % pro Jahr bei den Einzelmaßnahmen, weil diese nicht von der KFW gefördert werden können; 4 % pro Jahr bei den Maßnahmenpaketen, weil diese von der KFW gefördert werden können	
Betrachtungs-zeitraum	Wirtschaftlichkeitsbetrachtungen erfolgen üblicherweise über die Lebensdauer der langlebigsten Modernisierungsmaßnahmen (bei Dämmmaßnahmen sind dies etwa 30 Jahre)	
Energiepreis-steigerung	6 % pro Jahr; das ist der Mittelwert der letzten 30 Jahre, der auch für künftige Energiepreissteigerungen (konservativ) angenommen wird; in einer Wirtschaftlichkeitsberechnung kann der Wert auch variiert werden, so dass sichtbar wird, ab welcher Energiepreissteigerung sich eine Maßnahme rechnet	
Energiepreise heute und künftig (bei 6 %/a Preissteigerung)	heute:	im Mittel der nächsten 30 Jahre:
	0,07 €/kWh für Gas	0,15 … 0,17 €/kWh für Gas
	0,20 €/kWh für Strom	0,44 … 0,47 €/kWh für Strom
	0,05 €/kWh für Holz	0,11 … 0,12 €/kWh für Holz
	die künftigen Energiepreise sind Annahmen, die sich durch Hochrechnung der Preissteigerungen der vergangenen Jahrzehnte ergeben	
Amortisationszeit	ist die Zeit, ab der die Einsparungen größer sind als die zusätzlichen Kosten aufgrund einer Energiesparmaßnahme; je nachdem, welche Energieeinsparung und Kapitalkosten eine Einsparmaßnahme aufweist und wie schnell die Energiepreise steigen, rechnet sie sich innerhalb einer kürzeren oder längeren Amortisationszeit	
Äquivalenter Energiepreis	er gibt an, wie teuer die Einsparung bezahlt wird bzw. wie viel Geld für jede gesparte Kilowattstunde zu bezahlen ist; zur besseren Vorstellung: heute zahlen Sie die Energie an den Energieversorger, künftig verbrauchen Sie weniger und zahlen an die Bank einen "äquivalenten Energiepreis"	

Tabelle 5 Randdaten der Wirtschaftlichkeitsberechnung

Hinweis: um eine Vergleichbarkeit der Maßnahmen untereinander zu gewährleisten, wurde davon ausgegangen, dass das Gebäude eine gewisse Mindestinvestition in den nächsten 30 Jahren benötigt. Diese Mindestinvestition besteht aus einer sofortigen Putzausbesserung / Streichen der Fassade (8700 €) und einem neuen Kessel in etwa 16 Jahren.

3.2 Beschreibung der Einzelmaßnahmen

Als Einzelmaßnahmen werden Verbesserungen an der Gebäudehülle (Außenwände, Keller- und Geschossdecke, Innenwände und -türen) und der Anlagentechnik incl. regenerative Energien (Brennwertkessel, Solaranlage, Lüftungsanlage, Holzkessel) untersucht.

Die Energiebilanzen finden Sie im Anhang 6.6, eine Kostenzusammenstellung für die Einzelmaßnahmen im Anhang 6.9.

Dämmung der Außenwände

Aufbringen von Wärmedämmverbundsystem auf die gesamte äußere Fassade; nach Sichtung des Gebäudes müssen hierfür Maßnahmen getroffen werden, den Dachüberstand zu vergrößern, auch die Fensterbretter müssen angepasst werden.

Maßnahme M1a	Geringe Dämmung der Außenwände
Beschreibung	12 cm Wärmedämmverbundsystem, Wärmeleitstufe WLS 040
Einzelpreis	90 €/m² Außenwand
Umfang	290 m² für die gesamte Außenfassade
Gesamtpreis	26.100 €
Energieeinsparung als Einzelmaßnahme	Vorher: 51.800 kWh/a Gas und 700 kWh Strom Nachher: 38.400 kWh/a Gas und 700 kWh Strom Einsparung: 13.400 kWh/a Gas (entspricht 26 %)
Äquivalenter Energiepreis	0,098 €/kWh (Preis je eingesparter Kilowattstunde)
Amortisationszeit	12 Jahre, wenn die Energiepreise mit 6 %/a weitersteigen
Fazit	sehr wirtschaftlich
Maßnahme M1b	**Normale Dämmung der Außenwände**
Beschreibung	16 cm Wärmedämmverbundsystem, Wärmeleitstufe WLS 035
Einzelpreis	110 €/m² Außenwand
Umfang	290 m² für die gesamte Außenfassade
Gesamtpreis	31.900 €
Energieeinsparung als Einzelmaßnahme	Vorher: 51.800 kWh/a Gas und 700 kWh Strom Nachher: 37.400 kWh/a Gas und 700 kWh Strom Einsparung: 14.400 kWh/a Gas (entspricht 28 %)
Äquivalenter Energiepreis	0,123 €/kWh (Preis je eingesparter Kilowattstunde)
Amortisationszeit	20 Jahre, wenn die Energiepreise mit 6 %/a weitersteigen
Fazit	wirtschaftlich
Maßnahme M1c	**Hochwertige Dämmung der Außenwände**
Beschreibung	20 cm Wärmedämmverbundsystem, Wärmeleitstufe WLS 040
Einzelpreis	120 €/m² Außenwand
Umfang	290 m² für die gesamte Außenfassade
Gesamtpreis	34.800 €
Energieeinsparung als Einzelmaßnahme	Vorher: 51.800 kWh/a Gas und 700 kWh Strom Nachher: 36.600 kWh/a Gas und 700 kWh Strom Einsparung: 15.200 kWh/a Gas (entspricht 29 %)
Äquivalenter Energiepreis	0,132 €/kWh (Preis je eingesparter Kilowattstunde)
Amortisationszeit	23 Jahre, wenn die Energiepreise mit 6 %/a weitersteigen
Fazit	wirtschaftlich

Tabelle 6 Maßnahme M1a bis M1c

Dämmung der obersten Geschossdecke

Aufbringen von Wärmedämmung in Form begehbarer Dämmplatten auf die gesamte oberste Geschossdecke; in der obersten Ebene soll gleichzeitig eine Luftdichtheit hergestellt werden; da es entweder viele Anschlusspunkte gibt (ehemaliger Dachausbau) oder der die Dachdämmung mit einem Rückbau der Dachausbauten verbunden ist, sind die Kosten erhöht angenommen worden.

Maßnahme M2a	Normale Dämmung der obersten Geschossdecke
Beschreibung	16 cm Wärmedämmplatten, Wärmeleitstufe WLS 040
Einzelpreis	40 €/m² Geschossdecke
Umfang	153 m² für die gesamte Geschossdecke
Gesamtpreis	6.120 €
Energieeinsparung als Einzelmaßnahme	Vorher: 51.800 kWh/a Gas und 700 kWh Strom Nachher: 48.700 kWh/a Gas und 700 kWh Strom Einsparung: 3.100 kWh/a Gas (entspricht 6 %)
Äquivalenter Energiepreis	0,156 €/kWh (Preis je eingesparter Kilowattstunde)
Amortisationszeit	30 Jahre, wenn die Energiepreise mit 6 %/a weitersteigen
Fazit	gerade noch wirtschaftlich
Maßnahme M2b	Hochwertige Dämmung der obersten Geschossdecke
Beschreibung	24 cm Wärmedämmplatten, Wärmeleitstufe WLS 040
Einzelpreis	50 €/m² Geschossdecke
Umfang	153 m² für die gesamte Geschossdecke
Gesamtpreis	7.650 €
Energieeinsparung als Einzelmaßnahme	Vorher: 51.800 kWh/a Gas und 700 kWh Strom Nachher: 48.600 kWh/a Gas und 700 kWh Strom Einsparung: 3.200 kWh/a Gas (entspricht 6 %)
Äquivalenter Energiepreis	0,189 €/kWh (Preis je eingesparter Kilowattstunde)
Amortisationszeit	nur bei Preissteigerungen von 7 %/a und mehr
Fazit	als Einzelmaßnahme knapp unwirtschaftlich

Tabelle 7 Maßnahme M2a und M2b

Dämmung der Kellerdecke

Anbringen von Dämmplatten unter der Kellerdecke; wegen der geringen Deckenhöhe sind maximal 4 cm sinnvoll und machbar (in einzelnen Bereichen des Kellers ggf. auch mehr); damit nach der Sanierung der Kellerdecke diese den gesetzlichen Mindeststandard (EnEV) noch einhält, wird ein hochwertiger Dämmstoff mit einer besseren Wärmeleitfähigkeit vorgeschlagen.

Maßnahme M3	Dämmung der Kellerdecke
Beschreibung	4 cm Wärmedämmplatten, Wärmeleitstufe WLS 030
Einzelpreis	30 €/m² Kellerdecke
Umfang	153 m² für die gesamte Kellerdecke
Gesamtpreis	4.590 €
Energieeinsparung als Einzelmaßnahme	Vorher: 51.800 kWh/a Gas und 700 kWh Strom Nachher: 49.400 kWh/a Gas und 700 kWh Strom Einsparung: 2.400 kWh/a Gas (entspricht 5 %)
Äquivalenter Energiepreis	0,151 €/kWh (Preis je eingesparter Kilowattstunde)
Amortisationszeit	30 Jahre, wenn die Energiepreise mit 6 %/a weitersteigen
Fazit	gerade noch wirtschaftlich

Tabelle 8 Maßnahme M3

**Dämmung der Innenwände zum Treppenhaus
und Austausch der Wohnungstüren**

Anbringen von Wärmedämmung an den Innenwänden des Treppenhauses; zur Herstellung der Luftdichtheit (Verminderung der Lüftungsverluste) sollen dann gleichzeitig die Wohnungseingangstüren ausgetauscht werden; die recht hohen Kosten für die Türen werden jedoch nur zu 1/3 als energierelevante Investition gerechnet (2/3 der Investition wird als Wohnwertsteigerung angenommen).

Maßnahme M4a	Normale Dämmung der Innenwände
Beschreibung	8 cm Wärmedämmplatten, Wärmeleitstufe WLS 040 Türen mit U = 1,4 W/(m²K)
Einzelpreis	20 €/m² Innenwand sowie 1500 €/Tür
Umfang	58 m² für die gesamte Innenwand zum Treppenhaus 4 Wohnungseingangstüren
Gesamtpreis	3.160 € (als Mehrinvestition, sowie 4000 € als Wohnwertsteigerung)
Energieeinsparung als Einzelmaßnahme	Vorher: 51.800 kWh/a Gas und 700 kWh Strom Nachher: 50.100 kWh/a Gas und 700 kWh Strom Einsparung: 1.700 kWh/a Gas (entspricht 3 %)
Äquivalenter Energiepreis	0,147 €/kWh (Preis je eingesparter Kilowattstunde)
Amortisationszeit	28 Jahre, wenn die Energiepreise mit 6 %/a weitersteigen
Fazit	gerade noch wirtschaftlich
Maßnahme M4b	Bessere Dämmung der Innenwände
Beschreibung	12 cm Wärmedämmplatten, Wärmeleitstufe WLS 035 Türen mit U = 1,4 W/(m²K)
Einzelpreis	30 €/m² Innenwand sowie 1500 €/Tür
Umfang	58 m² für die gesamte Innenwand zum Treppenhaus 4 Wohnungseingangstüren
Gesamtpreis	3.740 € (als Mehrinvestition, sowie 4000 € als Wohnwertsteigerung)
Energieeinsparung als Einzelmaßnahme	Vorher: 51.800 kWh/a Gas und 700 kWh Strom Nachher: 49.800 kWh/a Gas und 700 kWh Strom Einsparung: 2.000 kWh/a Gas (entspricht 4 %)
Äquivalenter Energiepreis	0,148 €/kWh (Preis je eingesparter Kilowattstunde)
Amortisationszeit	28 Jahre, wenn die Energiepreise mit 6 %/a weitersteigen
Fazit	gerade noch wirtschaftlich

Tabelle 9 Maßnahme M4a und M4b

Einbau eines Brennwertkessels

Sofortiger Ersatz des vorhandenen Niedertemperaturkessels durch einen Gasbrennwertkessel, der an derselben Stelle im Keller aufgestellt wird; Sanierung des Schornsteines durch Einzug eines Edelstahlrohres; damit optimale Betriebsbedingungen für den Kessel herrschen, muss das vorhandene Wärmeverteilnetz hydraulisch einreguliert werden (hydraulischer Abgleich); letztes erfolgt auf Basis einer Softwareberechnung.

Maßnahme M5	Brennwertkessel
Beschreibung	Kessel 28 kW mit Schornsteinsanierung und hydraulischem Abgleich
Gesamtpreis	6500 €
Energieeinsparung als Einzelmaßnahme	Vorher: 51.800 kWh/a Gas und 700 kWh Strom Nachher: 48.800 kWh/a Gas und 800 kWh Strom Einsparung: 3.000 kWh/a Gas (entspricht 6 %) Mehrverbrauch: 100 kWh/a Strom (entspricht 14 %)
Äquivalenter Energiepreis	0,204 €/kWh (Preis je eingesparter Kilowattstunde)
Amortisationszeit	nur bei Preissteigerungen von 8 %/a und mehr
Fazit	als Einzelmaßnahme nicht wirtschaftlich

Tabelle 10 Maßnahme M5

Einbau einer Solaranlage zur Trinkwarmwasserbereitung

Einbau einer Solaranlage zur Trinkwarmwasserbereitung mit 9 m² Kollektorfeld (Flachkollektoren), welches auf dem Süddach untergebracht wird sowie Ersatz des vorhandenen Trinkwasserspeichers durch einen 600 l-Solarspeicher, der alternativ auch vom Kessel beheizt wird (bivalent); die solare Heizungsunterstützung wird nicht geprüft, weil das Dach nicht ausreichend Platz für weitere Kollektoren bietet.

Maßnahme M6	Solaranlage
Beschreibung	9 m² - Flachkollektorsolaranlage mit 600 l Speicher
Gesamtpreis	9000 €
Energieeinsparung als Einzelmaßnahme	Vorher: 51.800 kWh/a Gas und 700 kWh Strom Nachher: 47.400 kWh/a Gas und 700 kWh Strom Einsparung: 4.400 kWh/a Gas (entspricht 8 %)
Äquivalenter Energiepreis	0,293 €/kWh (Preis je eingesparter Kilowattstunde)
Amortisationszeit	nur bei Preissteigerungen von 10 %/a und mehr
Fazit	als Einzelmaßnahme nicht wirtschaftlich

Tabelle 11 Maßnahme M6

Einbau einer Lüftungsanlage mit Wärmerückgewinnung

Einbau einer zentralen Lüftungsanlage mit Wärmerückgewinnung mit 80 % Wärmerückgewinnungsgrad; Aufstellung des Zentralgerätes auf dem Dachboden; Leitungsführung durch das Treppenhaus und unter der Wohnungsdecke in den Wohnungsinnenfluren; mit 2 energiesparenden Gleichstromventilatoren betrieben.

Maßnahme M7	Lüftungsanlage
Beschreibung	Lüftung mit 80 % Wärmerückgewinnung und Gleichstromventilatoren
Gesamtpreis	15720 € (bei ca. 60 € je m² angeschlossene Wohnfläche)
Energieeinsparung als Einzelmaßnahme	Vorher: 51.800 kWh/a Gas und 700 kWh Strom Nachher: 46.300 kWh/a Gas und 1000 kWh Strom Einsparung: 5.500 kWh/a Gas (entspricht 11 %) Mehrverbrauch: 300 kWh/a Strom (entspricht 43 %)
Äquivalenter Energiepreis	0,477 €/kWh (Preis je eingesparter Kilowattstunde)
Amortisationszeit	nur bei Preissteigerungen von 13 %/a und mehr
Fazit	als Einzelmaßnahme nicht wirtschaftlich

Tabelle 12 Maßnahme M7

Einbau eines Holzpelletkessels

Sofortiger Ersatz des vorhandenen Niedertemperaturkessels durch einen Holzpelletkessel, der an derselben Stelle im Keller aufgestellt wird; Einbau eines zusätzlichen Pufferspeichers mit 900 Litern Fassungsvermögen; Installation von automatischer Beschickung und Umrüstung eines Kellerraums als Pelletlager mit Befüllung von außen.

Maßnahme M8	Holzkessel
Beschreibung	Kessel 28 kW mit Pufferspeicher 900 Liter
Gesamtpreis	15000 €
Energieeinsparung als Einzelmaßnahme	Vorher: 51.800 kWh/a Gas und 700 kWh Strom Nachher: 64.700 kWh/a Holz und 800 kWh Strom Mehrverbrauch: 12900 kWh/a Wärme (entspricht 25 %) Mehrverbrauch: 100 kWh/a Strom (entspricht 14 %)
Äquivalenter Energiepreis	kann nicht angegeben werden, weil keine Einsparung zu verzeichnen ist
Amortisationszeit	keine innerhalb der Lebensdauer
Fazit	als Einzelmaßnahme nicht wirtschaftlich

Tabelle 13 Maßnahme M8

Grafiken zur Wirtschaftlichkeit der Einzelmaßnahmen finden Sie im Anhang 6.9 unter dem Titel "Amortisation am Beispiel des äquivalenten Energiepreises". Dort ist auch beschrieben, wie sie die Ergebnisse beurteilen können, wenn die Energiepreise doch schneller oder langsamer als mit 6 Prozent pro Jahr steigen.

3.3 Ergebnisse der Einzelmaßnahmen

Die Maßnahmen zur Wärmedämmung der Gebäudehülle sind innerhalb ihrer Lebensdauer (i. d. R. 30 Jahre) größtenteils wirtschaftlich. Wegen der heute schon verhältnismäßig guten Bausubstanz der Hülle brauchen die Maßnahmen jedoch vergleichsweise lange, bis sie sich rechnen.

Für die weiteren Maßnahmenpakete kommen folgende Dämmmaßnahmen in nachfolgend genannter Reihenfolge in Betracht:

1. geringe, normale und hochwertige Außenwanddämmung
2. normale und hochwertige Dämmung der obersten Geschossdecke
3. Dämmung der Kellerdecke
4. Dämmung der Innenwände mit Tausch der Wohnungstüren

Alle anlagentechnischen Maßnahmen sind als Einzelmaßnahmen nicht wirtschaftlich. Insbesondere die Wirtschaftlichkeit des Kesseltauschs wird besser, wenn das Gebäude selbst gut gedämmt ist (dann ist eine kleinere Ausführung des Gerätes erforderlich). Für die weiteren Maßnahmenpakete kommen folgende Anlagentechnikmaßnahmen in nachfolgend genannter Reihenfolge in Betracht:

1. Beibehaltung des vorhandenen Niedertemperaturkessels
2. Einbau eines Brennwertkessels
3. Einbau eines Holzkessels

Der Einbau einer Lüftungs- oder Solaranlage wird nicht weiter verfolgt.

3.4 Beschreibung der Maßnahmenpakete

Aus den Einzelmaßnahmen werden sechs Maßnahmenpakete gebildet. Alle Maßnahmenpakete haben das Ziel, die gewünschte Förderung von der KFW zu erlangen. Eine Übersicht über die Pakete gibt nachfolgende Tabelle.

Paket		Außen-wand	Oberste Geschoss-decke	Keller-decke	Innenwand und -türen	Brenn-wert-kessel	Holz-kessel
P1	Maximaldämmung	20 cm / WLS 035	24 cm / WLS 040	4 cm / WLS 030	12 cm / WLS 035	-	-
P2	Normaldämmung	16 cm / WLS 035	16 cm / WLS 040	4 cm / WLS 030	8 cm / WLS 040	-	-
P3	Normaldämmung + Brennwert	16 cm / WLS 035	16 cm / WLS 040	4 cm / WLS 030	-	24 kW	-
P4	Minimaldämmung + Holzkessel	12 cm / WLS 040	16cm / WLS 040	-	-	-	24 kW + 750 l
P5	Maximaldämmung + Brennwert	20 cm / WLS 035	24 cm / WLS 040	4 cm / WLS 030	12 cm / WLS 035	24 kW	-
P6	Normaldämmung + Holzkessel	16 cm / WLS 035	24 cm / WLS 040	4 cm / WLS 030	-	-	24 kW + 750 l

Tabelle 14 Übersicht der Maßnahmenpakete

Die Maßnahmenpakete P1 bis P4 erreichen den "100%-EnEV-Neubau" Standard, die Pakete P5 und P6 den besseren "70%-EnEV-Neubau" Standard.

3.5 Ergebnisse der Maßnahmenpakete

Auch für die Maßnahmenpakete wurden Energiebilanzen zur Berechnung der zu erwartenden Einsparung und Wirtschaftlichkeitsberechnungen durchgeführt (Energiebilanzen siehe Anhang 6.7, Kostenzusammenstellung und Wirtschaftlichkeit siehe Anhang 6.9.).

Die Förderung der KFW in Form von Tilgungszuschüssen wurde bei der Berechnung berücksichtigt. Wie für die Einzelmaßnahmen können alle wichtigen Erkenntnisse den nachfolgenden Kurzübersichten entnommen werden. Die Erläuterung und der Vergleich der Ergebnisse folgen im nächsten Abschnitt.

Paket P1	Maximaldämmung
Beschreibung	Außenwanddämmung wie M1c (20 cm) Dämmung der obersten Geschossdecke wie M2b (24 cm) Dämmung der Kellerdecke wie M3 (4 cm) Dämmung der Innenwände und Ersatz der Innentüren wie M4b (12 cm)
Gesamtpreis	48.241 € (50.780 € Investition abzgl. 5 % Tilgungszuschuss der KFW)
Energieeinsparung als Einzelmaßnahme	Vorher: 51.800 kWh/a Gas und 700 kWh Strom Nachher: 27.400 kWh/a Gas und 700 kWh Strom Einsparung: 24.400 kWh/a Gas (entspricht 47 %)
Äquivalenter Energiepreis	0,103 €/kWh (Preis je eingesparter Kilowattstunde)
Amortisationszeit	12 Jahre, wenn die Energiepreise mit 6 %/a weitersteigen
Fazit	sehr wirtschaftlich

Tabelle 15 Maßnahmenpaket P1

Paket P2	Normaldämmung
Beschreibung	Außenwanddämmung wie M1b (16 cm) Dämmung der obersten Geschossdecke wie M2a (16 cm) Dämmung der Kellerdecke wie M3 (4 cm) Dämmung der Innenwände und Ersatz der Innentüren wie M4a (8 cm)
Gesamtpreis	43.482 € (45.770 € Investition abzgl. 5 % Tilgungszuschuss der KFW)
Energieeinsparung als Einzelmaßnahme	Vorher: 51.800 kWh/a Gas und 700 kWh Strom Nachher: 28.300 kWh/a Gas und 700 kWh Strom Einsparung: 23.500 kWh/a Gas (entspricht 45 %)
Äquivalenter Energiepreis	0,093 €/kWh (Preis je eingesparter Kilowattstunde)
Amortisationszeit	9 Jahre, wenn die Energiepreise mit 6 %/a weitersteigen
Fazit	sehr wirtschaftlich

Tabelle 16 Maßnahmenpaket P2

Paket P3	Normaldämmung plus Brennwertkessel
Beschreibung	Außenwanddämmung wie M1b (16 cm) Dämmung der obersten Geschossdecke wie M2a (16 cm) Dämmung der Kellerdecke wie M3 (4 cm) Brennwertkessel und hydraulischer Abgleich wie M5 (aber nur 24 kW)
Gesamtpreis	46.655 € (49.110 € Investition abzgl. 5 % Tilgungszuschuss der KFW)
Energieeinsparung als Einzelmaßnahme	Vorher: 51.800 kWh/a Gas und 700 kWh Strom Nachher: 28.400 kWh/a Gas und 800 kWh Strom Einsparung: 23.400 kWh/a Gas (entspricht 45 %) Mehrbedarf: 100 kWh/a Strom (entspricht 14 %)
Äquivalenter Energiepreis	0,096 €/kWh (Preis je eingesparter Kilowattstunde)
Amortisationszeit	11 Jahre, wenn die Energiepreise mit 6 %/a weitersteigen
Fazit	sehr wirtschaftlich

Tabelle 17 Maßnahmenpaket P3

Paket P4	Minimaldämmung plus Holzkessel
Beschreibung	Außenwanddämmung wie M1a (12 cm) Dämmung der obersten Geschossdecke wie M2a (16 cm) Holzkessel wie M8 (aber nur 24 kW und 750 l Pufferspeicher)
Gesamtpreis	43.909 € (46.220 € Investition abzgl. 5 % Tilgungszuschuss der KFW)
Energieeinsparung als Einzelmaßnahme	Vorher: 51.800 kWh/a Gas und 700 kWh Strom Nachher: 43.500 kWh/a Holz und 800 kWh Strom Einsparung: 8.300 kWh/a Wärme (entspricht 16 %) Mehrbedarf: 100 kWh/a Strom (entspricht 14 %)
Äquivalenter Energiepreis	0,361 €/kWh (Preis je eingesparter Kilowattstunde)
Amortisationszeit	25 Jahre, wenn die Energiepreise mit 6 %/a weitersteigen
Fazit	kaum wirtschaftlich

Tabelle 18 Maßnahmenpaket P4

Paket P5	Maximaldämmung plus Brennwertkessel
Beschreibung	Außenwanddämmung wie M1c (20 cm) Dämmung der obersten Geschossdecke wie M2b (24 cm) Dämmung der Kellerdecke wie M3 (4 cm) Dämmung der Innenwände und Ersatz der Innentüren wie M4b (12 cm) Brennwertkessel und hydraulischer Abgleich wie M5 (aber nur 24 kW)
Gesamtpreis	50.120 € (57.280 € Investition abzgl. 12,5% Tilgungszuschuss der KFW)
Energieeinsparung als Einzelmaßnahme	Vorher: 51.800 kWh/a Gas und 700 kWh Strom Nachher: 25.300 kWh/a Gas und 800 kWh Strom Einsparung: 26.500 kWh/a Gas (entspricht 51 %) Mehrbedarf: 100 kWh/a Strom (entspricht 14 %)
Äquivalenter Energiepreis	0,104 €/kWh (Preis je eingesparter Kilowattstunde)
Amortisationszeit	13 Jahre, wenn die Energiepreise mit 6 %/a weitersteigen
Fazit	sehr wirtschaftlich

Tabelle 19 Maßnahmenpaket P5

Paket P6	Normaldämmung plus Holzkessel
Beschreibung	Außenwanddämmung wie M1b (16 cm) Dämmung der obersten Geschossdecke wie M2b (24 cm) Dämmung der Kellerdecke wie M3 (4 cm) Holzkessel wie M8 (aber nur 24 kW und 750 l Pufferspeicher)
Gesamtpreis	50.873 € (58.140 € Investition abzgl. 12,5% Tilgungszuschuss der KFW)
Energieeinsparung als Einzelmaßnahme	Vorher: 51.800 kWh/a Gas und 700 kWh Strom Nachher: 43.500 kWh/a Holz und 800 kWh Strom Einsparung: 8.300 kWh/a Wärme (entspricht 16 %) Mehrbedarf: 100 kWh/a Strom (entspricht 14 %)
Äquivalenter Energiepreis	0,247 €/kWh (Preis je eingesparter Kilowattstunde)
Amortisationszeit	24 Jahre, wenn die Energiepreise mit 6 %/a weitersteigen
Fazit	kaum wirtschaftlich

Tabelle 20 Maßnahmenpaket P6

Grafiken zur Wirtschaftlichkeit der Einzelmaßnahmen finden Sie im Anhang 6.9 unter dem Titel "Amortisation am Beispiel des äquivalenten Energiepreises". Dort ist auch beschrieben, wie sie die Ergebnisse beurteilen können, wenn die Energiepreise doch schneller oder langsamer als mit 6 Prozent pro Jahr steigen.

4 Zusammenfassung

Nachfolgend werden die sechs Maßnahmenpakete hinsichtlich ihrer Energiebilanzen, Investitionskosten, Wirtschaftlichkeit und Umweltrelevanz miteinander verglichen und ein sinnvolles Paket vorgeschlagen.

4.1 Endenergie und Heizlast

Hinsichtlich der Endenergieeinsparung für die Heizung und Warmwasserbereitung erreichen alle Maßnahmenpakete, die auf Beibehaltung der Gasversorgung abzielen eine Minderung um etwa 50 % bezogen auf den heutigen Zustand. Am besten schneidet das Paket P5 mit Maximaler Dämmung und Einsatz eines Brennwertkessels ab. Die Maßnahmenpakete, die einen Holzkessel berücksichtigen, weisen deutlich höhere Endenergiebedarfswerte auf, wobei dies nicht mit den Energiekosten gleichzusetzen ist.

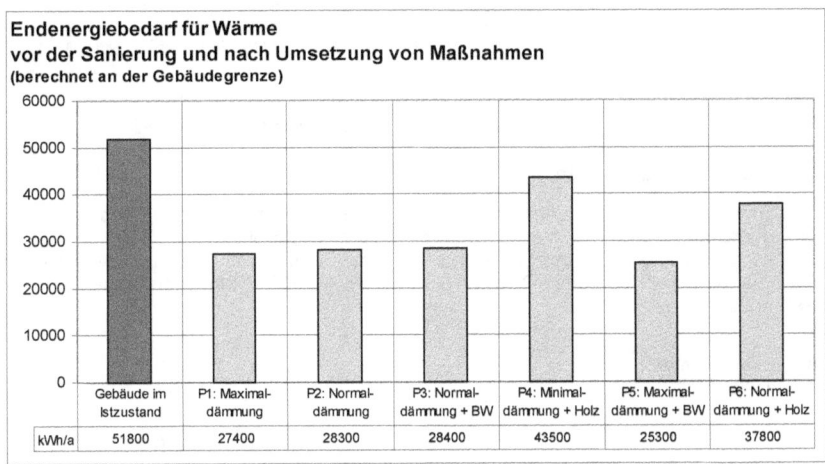

Bild 3 Vergleich der Endenergiemengen

Heizlast

Neben der zu erwartenden Endenergiemenge wurde überschlägig bestimmt, welche Heizlast das Gebäude nach den Dämmmaßnahmen noch hat. Es handelt sich hierbei um die Leistung, die ein Wärmeerzeuger mindestens haben muss, um das Gebäude auch am kältesten Tag des Jahres (in Braunschweig wird mit -14°C gerechnet) noch mit Energie zu versorgen.

Die nachfolgende Grafik zeigt, dass die notwendige Leistung mit steigender Dämmqualität der Gebäudehülle abnimmt. Der Wärmeerzeuger kann jedoch nicht so klein gewählt werden, wie dargestellt, da er auch Trinkwarmwasser bereiten muss.

Um einigermaßen Komfort sicherzustellen, liegt die kleinste empfehlenswerte Größe für das untersuchte 4-Familienhaus bei 24 kW. Der bereits heute vorhandene Erzeuger mit 28 kW Leistung ist also verhältnismäßig gut dimensioniert.

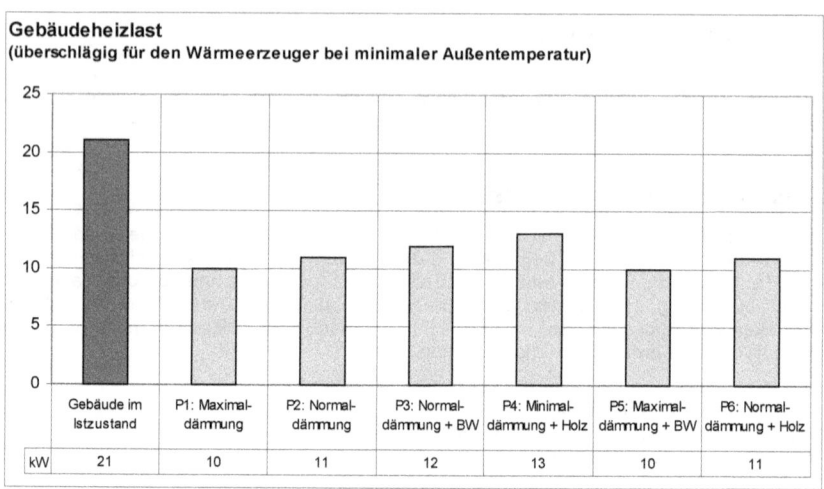

Bild 4 Vergleich der Heizlasten

4.2 Investitionskosten

Die Investitionskosten werden von den Dämmkosten dominiert. Dabei spielt es aber nur eine untergeordnete Rolle, wie viel Dämmung eingesetzt wird, da die Grundkosten (Gerüst, Lohn usw.) den größten Anteil der Investition ausmachen. Die Investitionskosten (unter Berücksichtigung von Förderungen) liegen 30.000 bis 40.000 € über den Ohnehinkosten für den Bestandserhalt.

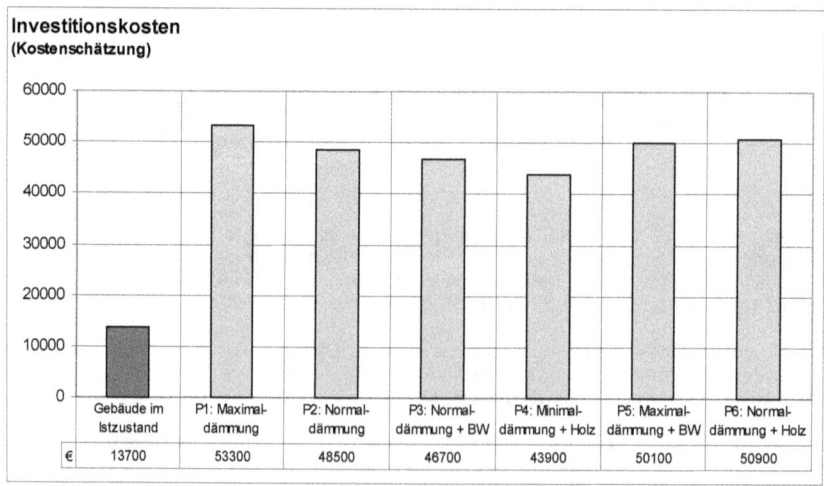

Bild 5 Vergleich der Investitionskosten

Auffällig ist: Maßnahmenpaket P1 und P5 unterschieden sich nur in der zusätzlichen Anschaffung eines Brennwertkessels. Weil das Gebäude mit Brennwertkessel in die höhere Förderklasse der KFW fällt (Neubau -30%) liegt der Zuschuss soviel höher, dass das Paket insgesamt billiger wird.

Maßnahmenpaket P3 und P6 unterschieden sich im Wesentlichen nur in der Wahl des Kessels. Obwohl das Gebäude mit dem Holzkessel in die höhere Förderklasse der KFW fällt (Neubau -30%) reicht der Zuschuss nicht aus, die Mehrkosten des Holzkessels zu decken.

4.3 Wirtschaftlichkeit

Die Wirtschaftlichkeit der Maßnahmen wird anhand einer Gesamtkostenrechnung geprüft. Diese berücksichtigt zum einen Kapitalkosten (Zins und Tilgung für die Investition), die Energiekosten (mit Energiepreissteigerung) und zusätzliche Wartungs- und Unterhaltskosten (z.B. für wartungsintensive Techniken). Für jedes Maßnahmenpaket und das Gebäude im heutigen Zustand werden alle drei Positionen bestimmt (Anhang 6.9) und die Summe gebildet.

Bild 6 zeigt die Ergebnisse mit den Kosten für das nächste Jahr (tilgungsfreie Jahre der KFW sind vernachlässigt). Es zeigt sich, dass keines der Maßnahmenpakete P1 bis P6 bereits im nächsten Jahr wirtschaftlich ist. Die Gesamtkosten sind am geringsten für das Gebäude im jetzigen Zustand.

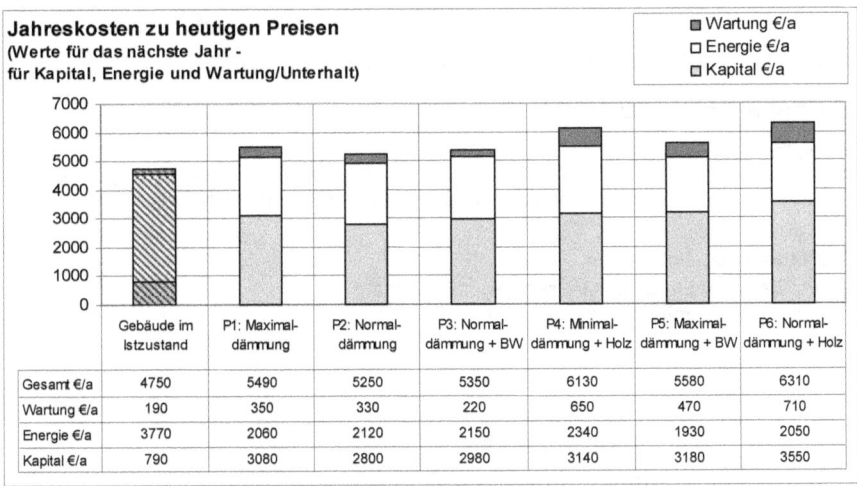

Bild 6 Vergleich der Jahresgesamtkosten heute

Weiterhin ist zu sehen, dass die Kapitalkosten in der Variante mit Holzkessel jeweils sehr hoch sind. Die Variante P1 mit Maximaldämmung liegt mit der Variante P4 Minimaldämmung plus Holzkessel gleichauf, obwohl über 9000 € Investitionsmehrkosten zu verzeichnen sind. Das liegt daran, dass über den Zeitraum von 30 Jahren nur eine Dämmung, aber 2 Holzkessel benötigt (und berechnet) werden. Pakete mit langlebigen Investitionsgütern schneiden in der Wirtschaftlichkeitsbetrachtung also besser ab als bei der reinen Betrachtung der sofort notwendigen Investitionssummen.

Es ist auch zu erkennen, dass das Bestandsgebäude den größten Anteil der Energiekosten hat, also künftigen Energiepreissteigerungen am meisten unterworfen ist. Das zeigt sich in der Auswertung der mittleren künftigen Jahreskosten in Bild 7. Aus gesamtwirtschaftlicher Sicht sind alle Maßnahmenpakete langfristig wirtschaftlich. Die Varianten P1, P2, P3 und P5 liegen sehr nahe beieinander, daher ist es schwierig einer Maßnahme einen eindeutigen Vorzug zu geben. Unter Verwendung der oben abgegeben Randdaten der Wirtschaftlichkeit ist das Paket P2 rein betriebswirtschaftlich betrachtet, das günstigste.

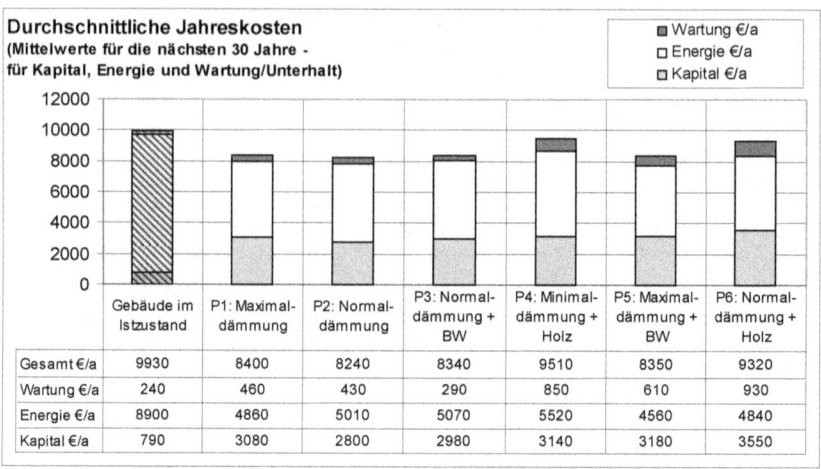

Bild 7 Vergleich der Jahresgesamtkosten langfristig

4.4 Umweltrelevanz

Die Umweltrelevanz der Maßnahmen kann z.B. mit Hilfe der äquivalenten CO_2-Emission dargestellt werden. Diese umfasst gewichtet nach Klimaschädlichkeit alle Stoffe, die bei der Gewinnung, beim Transport und der Verbrennung von Energieträgern frei werden.

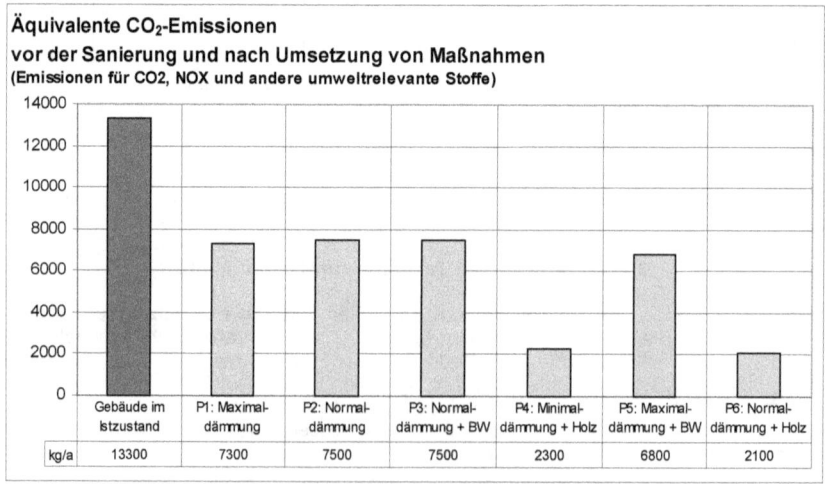

Bild 8 Vergleich der Umweltwirksamkeit

Hier schneiden die Varianten P4 und P6 mit Holzkessel am besten ab, weil insbesondere das CO_2, das bei der Holzverbrennung frei wird, erst vor kurzem im Holz gespeichert wurde und den Kohlenstoffkreislauf der Erde nicht stört. Allerdings werden auch bei der Holzverbrennung andere Klimagase frei. Die Gesamtbelastung liegt trotzdem nur bei etwa 20 % des jetzigen Zustands. Die Pakete mit Gaskessel sind etwa 50 % umweltfreundlicher als der Bestand.

5 Empfehlungen und Umsetzung

5.1 Empfehlung von Investitionsmaßnahmen

Alle Maßnahmenpakete sind wirtschaftlich, d.h. sie refinanzieren sich nicht nur innerhalb des Betrachtungszeitraums, sondern erwirtschaften auch Gewinne (unter den Annahmen der Wirtschaftlichkeitsbewertung nach Abschnitt 3.1). Da die Ergebnisse der Maßnahmenpakete sehr nahe beieinander liegen, wird folgende Empfehlung als Kompromiss ausgesprochen:

1. Es wird empfohlen das Maßnahmenpaket P1 oder P2 umzusetzen. Die Entscheidung sollte erst fallen, wenn konkrete Angebote eingeholt wurden. Liegt die Investitionskostendifferenz tatsächlich nur bei 5000 € oder weniger, sollte die höherwertige Dämmung (P1) umgesetzt werden, weil sie langfristig mehr Unabhängigkeit von den Energiepreisen bietet.
2. Der Einbau eines Holzkessels wird trotz der günstigen Umweltparameter nicht empfohlen (P4, P6), da die Gesamtkosten beim derzeitigen Stand der Holzpelletstechnik zu hoch sind und die Preisentwicklung für Holzpellets zudem sehr ungewiss ist.
3. Die Umrüstung auf einen Brennwertkessel (P3, P5) wird zum jetzigen Zeitpunkt nicht empfohlen, weil der vorhandene Kessel erst 7 Jahre alt ist. Für den nächsten Kesselaustausch sollte jedoch ein Brennwertkessel vorgesehen werden bzw. der künftige Stand der Technik berücksichtigt werden.

Neben der energetischen Verbesserung fällt die Marktwertsteigerung und damit langfristige Vermietbarkeit als Zusatznutzen ab. Gleichermaßen wird der Komfort der Nutzer (Behaglichkeit und Wohlbefinden) durch höhere Oberflächentemperaturen der Wände, Böden und Decken und verminderte Undichtheiten der Gebäudehülle erhöht.

Energiebilanz nach der Sanierung

Die nachfolgenden Grafiken zeigen die Energiebilanz nach der Sanierung am Beispiel des Maßnahmenpaketes (P1 Maximaldämmung). Die Skalierung der Diagramme ist identisch zu den Grafiken aus Abschnitt 2.5 gewählt. So kann die Einsparung verglichen mit dem Bestand gut nachvollzogen werden.

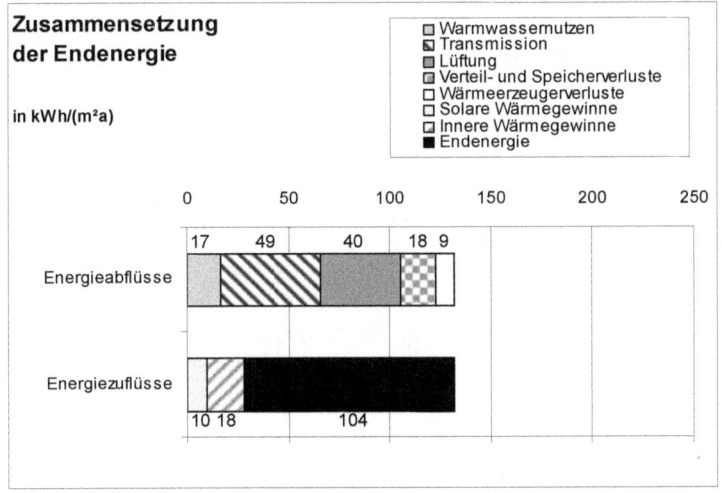

Bild 9 Endenergie nach Sanierung (Paket 1)

Zur Erläuterung: Die berechnete Endenergie für Raumheizung und Trinkwarmwasserbereitung beträgt nach der Umsetzung des Maßnahmenpaketes P1 104 kWh/a je Quadratmeter beheizte Fläche. Ihr Haus ist damit etwa ein "10-Liter-Haus" (oder in Ihrem Fall ein 10 m³-Erdgas-Haus). Es erreicht gesamtenergetisch das Neubauniveau der geltenden Energieeinsparverordnung (EnEV), die Hülle ist sogar 50 % besser.

Die Qualität der einzelnen Bauteile der Hülle nach der Modernisierung zeigt Bild 10 noch einmal detaillierter. Die Außenwand weist äußerst geringe Verluste auf. Schwachstellen sind jetzt nur noch die Fenster, die jedoch vermutlich erst in etwa 20 Jahren getauscht werden müssen.

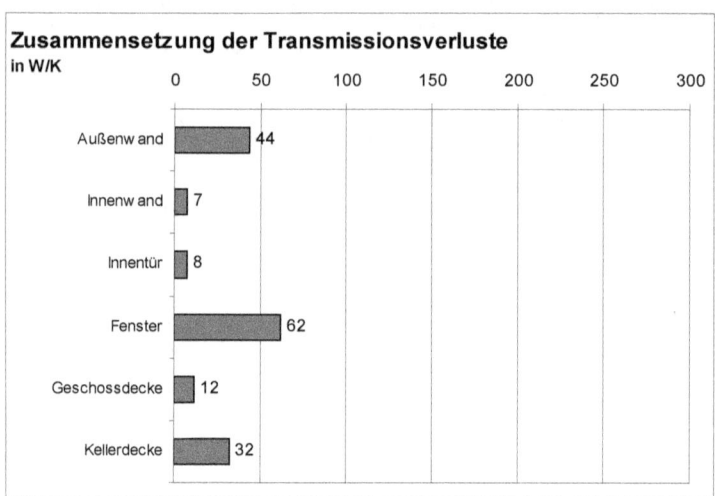

Bild 10 Transmissionsverluste nach Sanierung (Paket 1)

5.2 Sonstige Empfehlungen

Neben den investitionsintensiven Empfehlungen zur Verbesserung folgen an dieser Stelle noch einige gering- bis nullinvestive Maßnahmen.

Lüftung
Durch richtiges Lüften kann Energie gespart und die Bausubstanz vor Schimmel geschützt werden. Langandauerndes kräftiges Lüften ist nicht ratsam, sondern es erhöht durch Abkühlen nur den Wärmeverlust des Raumes. Kurzes Stoßlüften dagegen ist empfehlenswert. Wenn die Möglichkeit besteht, sollte insbesondere von September bis April je nach Außenwitterung alle 2 bis 3 Stunden stoßgelüftet (Drehflügel weit auf) oder quergelüftet (gegenüberliegende Fenster gleichzeitig auf) werden. Gegen eine Lüftung durch "auf Kipp" gestellte Fenster ist während der Sommermonate nichts einzuwenden

Innentemperatur
Die Absenkung der Innentemperatur um ein Grad Celsius spart etwa 6 % Heizenergie. Sofern es nicht dem Behaglichkeitsempfinden widerspricht, kann dies von den Bewohnern ohne Investitionsaufwand umgesetzt werden.

Stromverbrauch
Für den einzelnen Mieter ist ein Stromsparcheck empfehlenswert. Er kann auf Wunsch der Mieter später durchgeführt werden.

Zirkulation
Die Zirkulationspumpe kann zeitabhängig geschaltet werden und muss nicht 24 Stunden am Tag laufen. Wenn es die Bewohner zulassen, können ggf. 6 oder 8 Stunden Nachtabschaltung programmiert werden. Das spart Pumpenstrom und Wärmeverluste der Rohre.

Hydraulik
Das Netz sollte beim nächsten Eingriff in die Technik oder auch nach der baulichen Sanierung hydraulisch einreguliert werden (hydraulischer Abglich), damit alle Heizkörper die richtige Wassermenge erhalten, das Gebäude gleichmäßig warm wird und die berechneten Einspareffekte auch erreicht werden. Dies wird seit 2007 auch nach den neuen Bedingungen der KFW als zwingende Maßnahme gefordert und muss in einer Fachunternehmererklärung vom ausführenden Unternehmen bestätigt werden. Hierzu zählt auch die dokumentierte Einstellung einer witterungsgeführten Vorlauftemperaturregelung und der Förderhöhe einer elektronisch geregelten Pumpe.

Heiznetztemperaturen
Nach einer baulichen Sanierung können die Temperaturen im Heiznetz abgesenkt werden. Auf welche Werte genau, kann z.B. im Rahmen einer Fachplanung (zusammen mit dem hydraulischen Abglich) berechnet werden. Bei der Berechnung der Energieeinsparungen wurde aus Sicherheitsgründen darauf verzichtet, die Temperaturen geringer anzusetzen. Die Einsparungen sollten nach einer Netztemperaturanpassung größer sein.

Abschaltung der Heizung
Die automatische Umschaltung der Heizung vom Sommer- auf Winterbetrieb kann an der Regelung z.B. auf 15 bis 17°C Außentemperatur eingestellt werden. Damit wird sichergestellt, dass Pumpen laufen und Kessel nur auf Temperatur gehalten werden, wenn Wärme gebraucht wird. Diese Maßnahme ist praktisch ohne Investition umsetzbar.

Technikdämmung
Die Wärmedämmung der Anschlussleitungen (insbesondere Trinkwarmwasserspeicher) und Armaturen im Keller spart Energie und kann mit wenig Aufwand durchgeführt werden.

5.3 Förderung

Die Maßnahmenpakete wurden so zusammengestellt, dass sie die Anforderungen der KFW, CO_2-Gebäudesanierungsprogramm - Kreditvariante - Programm 130 erfüllen. Das Gebäude entspricht auch hinsichtlich des Baujahrs (vor 31.12.1982) den Förderbedingungen. Folgende Förderung kommt nach diesem Programm in Betracht:

- zinsgünstiger Kredit bis maximal 50.000 € je Wohneinheit, d.h. 200.000 €
- Kreditzins 2,68 % effektiv bei einer Kreditlaufzeit von 30 Jahren, 5 tilgungsfreien Jahren und einer Zinsbindung von 10 Jahren (Stand: 14.11.2006)
- Tilgungszuschuss 5 % bei Erreichen des 100%-EnEV-Neubaustandards
- Tilgungszuschuss 12,5 % bei Erreichen des 70%-EnEV-Neubaustandards
- ohne Zuschuss, wenn EnEV-Neubaustandard nicht erreicht wird, aber eines der von der KFW vorgeschlagenen Maßnahmenpakete umgesetzt wird

Die KFW-Maßnahmenpakete ohne Zuschuss wurden nicht weiter untersucht, weil das Erreichen der ersten Förderstufe (100%-EnEV) bereits ohne übermäßigen Aufwand möglich ist.

Bild 11 zeigt, dass die Pakete P1, P2 und P3 die Anforderungen der EnEV an die Primärenergie eines Neubaus erfüllen, die anderen Pakete das EnEV-Neubauniveau um mehr als 30 % unterschreiten. Das Einhalten der Nebenanforderung an die Güte der Gebäudehülle zeigt Bild 12: alle Maßnahmenpakete außer das Paket P4 unterschreiten die EnEV-Neubauanforderungen um mehr als 30 %.

Fazit: die Maßnahmenpakete P1, P2, P3 und P4 sind mit 5 % Tilgungszuschuss, die Maßnahmenpakete P5 und P6 mit 12,5 % Tilgungszuschuss förderfähig. Die Berechnungen sind im Anhang 6.8 einzusehen.

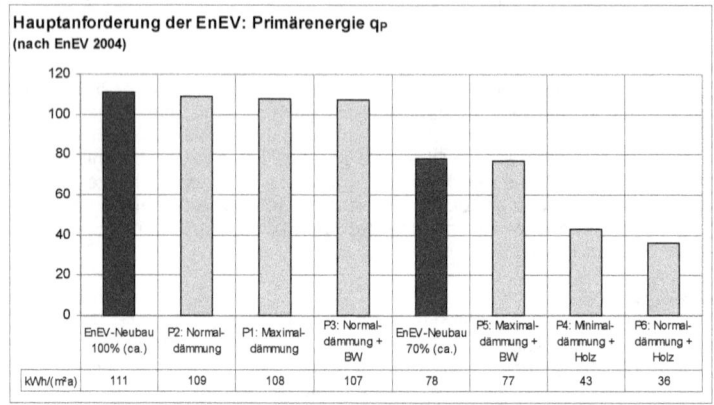

Bild 11 Erfüllung der Hauptanforderung der EnEV

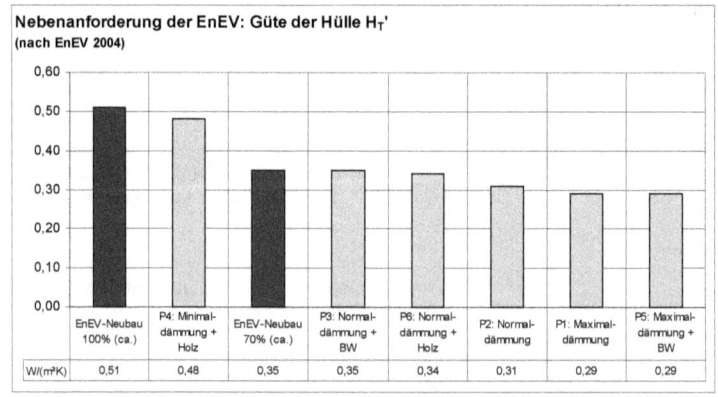

Bild 12 Erfüllung der Nebenanforderung der EnEV

Hinweise: Es wurde zur Sicherheit bei allen Maßnahmenpaketen davon ausgegangen, dass die Luftdichtheit nach der Sanierung nicht geprüft oder ggf. nicht eingehalten wird. Die Herstellung der Luftdichtheit sollte natürlich trotzdem Ziel der Modernisierung sein!

Der bei der Berechnung nach EnEV notwendige Wärmebrückenzuschlag wurde für alle Maßnahmenpakete, außer für das Paket P4 auf 0,05 W/(m²K) gesetzt. Beim Paket 4 wurde mit 0,1 W(m²K) gerechnet. Eine Gleichwertigkeit der Wärmebrücken mit den in DIN V 4108-6 Beiblatt 2 beschriebenen Konstruktionsdetails ist nicht nachgewiesen, kann ggf. später erfolgen. Bei der Ausführung sollten die Beschreibungen der DIN V 4108-6 Beiblatt 2 als Leitlinie dienen.

In der Energiebilanz für die KFW-Förderung wurden die neuen Heiznetztemperaturen mit 55/45°C angesetzt, weil eine Absenkung nach der Wärmedämmung des Baukörpers sicher möglich ist. Diese Annahme ist z. B. im Rahmen einer Fachplanung zu prüfen.

5.4 Hinweis zu den Ergebnissen

Die Ausführungen dieses Berichtes sehen u. a. die Gesamtkosten aus Kapitalkosten, Energiekosten sowie Wartungs- und Unterhaltskosten als ein Kriterium für oder gegen eine Investition an. Das Objekt ist jedoch vermietet, so dass der Eigentümer die Kapitalkosten aus den Kaltmieten finanzieren muss, die Mieter dagegen von den geringeren Energiekosten profitieren.

Die Aussage zur Gesamtwirtschaftlichkeit muss also in diesem Fall folgendermaßen interpretiert werden: die Kapitalkosten, die dem Vermieter zusätzlich durch die energetische Verbesserung entstehen, müssen langfristig in die Erhöhung der Kaltmieten münden, damit dem Vermieter keine finanziellen Nachteile entstehen. Die erhöhten Kaltmieten für den Mieter werden durch entsprechend geringere Nebenkosten (Energiekosten) kompensiert.

Die geringeren Gesamtkosten, die sich bei jeder der Verbesserungsvarianten ergeben, können also – bei entsprechend geschickter Aufteilung – ein Gewinn für den Vermieter und den Mieter sein.

5.5 Nächste Schritte

Als Empfehlung für die Umsetzung empfehlen wir Ihnen folgende nächste Schritte:

- Einholen von mindestens 3 Angeboten für die Umsetzung der Wärmedämmung der Pakete P1 und P2. (Bitte beachten Sie: zur Ausführung der Dachdeckendämmung müssen ggf. die nicht benutzten Räume im Dachgeschoss abgerissen werden)
- im Fall der beabsichtigten Inanspruchnahme der KFW-Förderung steht die Beantragung dieser Fördermittel an erster Stelle – wir unterstützen Sie gern.

Für die Ausführung empfehlen wir eine Fachplanung. Dies betrifft die Umsetzung der Dämmung incl. Luftdichtheit und Wärmebrückenminimierung sowie die Maßnahmen an der Anlage incl. hydraulischem Abgleich, Einstellen des Reglers und der Förderhöhe der Pumpe.

Für weitere Fragen stehen wir gern zur Verfügung.

Für die Umsetzung wünschen wir viel Erfolg

Kati Jagnow
Dieter Wolff

6 Anhang

6.1 Quellen

[1] IWU Energiepass und Energiebilanz-Toolbox - Arbeitshilfe und Ergänzungen zum Energiepass Heizung/Warmwasser, IWU Darmstadt, 1997 und 2001.
[2] Hottgenroth Energieberater, Programm zur Energieberatung Version 5.1 mit Baustoff-, Bauteil-, Kostendatenbank, Software, Stand 2006.
[3] Heraklith Baubroschüre mit alten Baukonstruktionen, 1975.
[4] Ökotest Ratgeber Bauen, Wohnen & Renovieren, Nr. 08/2006.

6.2 Pläne und Fotos

- Fotos
- Luftbild
- Originalpläne
- Skizze des beheizten Bereichs
- Flächenaufmaß für den Bestand

6.3 Auszug Bestandsunterlagen

- Alte Baubeschreibung
- Schornsteinfegermessung
- Protokoll der Gebäudebegehung

6.4 Verbrauchsdaten

- Abrechnungsdaten
- Wetterdaten 2003
- Wetterdaten 2004
- Witterungskorrektur der Verbrauchsdaten

6.5 Energiebilanz Bestand

- IWU Bestand

6.6 Energiebilanz Verbesserungsmaßnahmen: Einzelmaßnahmen

- IWU M1a
- IWU M1b
- IWU M1c
- IWU M2a
- IWU M2b
- IWU M3
- IWU M4a
- IWU M4b
- IWU M5
- IWU M6
- IWU M7
- IWU M8

6.7 Energiebilanz Verbesserungsmaßnahmen: Maßnahmenpakete

- IWU P1
- IWU P2
- IWU P3
- IWU P4
- IWU P5
- IWU P6

6.8 Unterlagen für die KFW

- Förderdatenblätter
- ENEV P1
- ENEV P2
- ENEV P3
- ENEV P4
- ENEV P5
- ENEV P6

6.9 Wirtschaftlichkeitsberechnung

- LEG M1a bis M3
- LEG Ma4 bis M8
- LEG P1 bis P4

Hinweis für den Auftraggeber:
Die Anhänge 6.2 bis 6.9 finden Sie auf beiliegender CD.

Alle aufgeführten Anhänge erhalten Sie als
PDF-Dokumente
kostenlos im Internet unter

www.delta-q.de

in der Rubik
"Archiv" / "Buch Beratungsbericht"

Auch die verwendete Software
ist dort als Freeware verlinkt.

Modernisierungskonzept für ein
Mehrfamilienhaus in Braunschweig

Kommentar mit Erläuterungen

Hinweise für Energieberater

Der Bericht wurde erstellt von /
Das Projekt wurde bearbeitet von:

Kati Jagnow,
Dieter Wolff

Die Verantwortung für den Inhalt
des Berichtes liegt bei den Verfassern.

Inhalt

1 Allgemeine Hinweise 3
1.1 Festlegung einer Aufgabenstellung 3
1.2 Verwendung von Rechenprogrammen 3
1.3 Hinweise zum BAFA-Bericht 3
1.4 Berichtsaufbau und Anhänge 4
1.5 Zuschnitt des Berichtes auf den Leser 4
1.6 Einsatz von Grafiken und Tabellen 4
1.7 Genauigkeit und Schutzklauseln 5

2 Bestandsaufnahme 5
2.1 Vorhandene Pläne, Beschreibungen und weitere Daten 5
2.2 Die Aufnahme vor Ort 5
2.3 Ermittlung fehlender Daten und Festlegungen 5

3 Verbrauchsdaten 6
3.1 Hintergrundinformationen 6
3.2 Ermittlung von Verbrauchsdaten 7
3.3 Anwendung der Rechenprogramme zur Witterungskorrektur 7

4 Energiebilanz Bestand 8
4.1 Hintergrundinformationen 8
4.2 Anwendung des "IWU-Energieberatungstools" 8
4.3 Probleme bei der Bestandsbewertung 11
4.4 Hinweise zur Heizlastberechnung 11

5 Energiebilanz Verbesserungen 11
5.1 Wahl der Verbesserungsmaßnahmen 11
5.2 Vorgehen bei der Bewertung von Maßnahmen 12
5.3 Hinweise zur Arbeit mit Software 12
5.4 Änderung von Eingaben im "IWU Energieberatungstool" 13
5.5 Eingaben in das "EnEV Programm" 14
5.6 Darstellung der Ergebnisse 15

6 Wirtschaftlichkeitsberechnung 15
6.1 Hintergrundinformationen 15
6.2 Randdaten der Wirtschaftlichkeitsbewertung 15
6.3 Kostenerhebung 16
6.4 Anwendung des LEG-Rechenprogramms 16
6.5 Berücksichtigung der KFW-Förderung 17
6.6 Probleme bei der Bewertung der Wirtschaftlichkeit 18
6.7 Darstellung der Ergebnisse 18

7 Sonstiges 18
7.1 Finden der besten Lösung einer Modernisierung 18
7.2 Wertanalyse als Entscheidungshilfe für Unentschiedene 18
7.3 Berichte für Eigentümer und Vermieter 19
7.4 Über das Aussprechen von Empfehlungen 19
7.5 Angebot und Honorierung von Beratungsleistungen 20

1 Allgemeine Hinweise

Die nachfolgenden Hinweise gelten unabhängig vom vorliegenden Bericht allgemein für Energieberatungsprojekte und zugehörige Berichte.

1.1 Festlegung einer Aufgabenstellung

Die Aufgabenstellung muss eindeutig mit dem Auftraggeber geklärt und im Bericht genannt werden. Stellen Sie klar, welche der nachfolgenden Punkte (ohne Anspruch auf Vollständigkeit) bearbeitet werden sollen:

- Energieberatung allgemein
- Energieberatung nach BAFA (gefördert)
- Erstellung von Nachweisen für Förderung (z.B. KFW)
- Erstellung von EnEV-Nachweisen
- Erstellung von Energieausweisen
- Erstellung von anderen Nachweisen (z.B. Passivhausnachweis)

Ebenfalls vor Beginn des Projektes sollte feststehen, inwieweit das Objekt schon dokumentiert ist und welche Punkte der Dokumentation noch offen sind:

- vorhandene Pläne oder geometrisches Aufmaß
- U-Werte aus Unterlagen, Typologien, Materialproben
- Technik aus Bestandsunterlagen oder Begehung und eigener Recherche
- Verbrauchsdaten

Sofern die Zielrichtung des Kunden noch nicht eindeutig ist, sollte vorher ggf. definiert werden, wie viele Verbesserungsmaßnahmen vorgeschlagen und berechnet werden.

1.2 Verwendung von Rechenprogrammen

Die Wahl von Rechenprogrammen für die Energieberatung steht dem Berater frei – auch bei der Erstellung eines BAFA-Berichtes. Sinnvoll sind z.B. die Energieberatungsprogramme des IWU (als Excel oder kostenpflichtige Profisoftware) bzw. Weiterentwicklungen derselben. Ein Energieberatungsprogramm muss es zulassen, die Nutzergewohnheiten einzugeben, einen Standort des Gebäudes zu wählen, die Rechenergebnisse mit dem Verbrauch abzugleichen – kurz: viele projektbezogene Eingaben zu machen.

Für andere Zwecke (KFW-Förderung, Passivhausnachweis, EnEV-Nachweis, Energieausweise etc.) sind in der Regel feste Rechenregeln vorgeschrieben, welche zwangsweise verwendet werden müssen, da es sich um Nachweise handelt. Die zugehörigen Softwareprogramme bieten in der Regel nicht die Chance, die Nutzergewohnheiten einzugeben, einen Standort des Gebäudes zu wählen, die Rechenergebnisse mit dem Verbrauch abzugleichen.

Das bedeutet für den Berater: es sind für die Modernisierungsmaßnahmen ggf. mehrere parallele Berechnungen (u. U. mit verschiedener Software) durchzuführen, die jeweils Zeit und Geld kosten und im Angebot (=Preis der Beratung) berücksichtigt werden sollten.

1.3 Hinweise zum BAFA-Bericht

Die Erlangung von BAFA-Fördergeldern für die Energieberatung hat u. a. Konsequenzen für die Erstellung eines Berichtes. Die Liste der Inhalte eines Berichtes sollten Sie aktuell von der Internetseite (2007: www.bafa.de) laden und Punkt für Punkt abhaken, ob alle gewünschten Inhalte in Ihrem Bericht auch zu finden sind. Fehlende Punkte sind entsprechend zu ergänzen.

1.4 Berichtsaufbau und Anhänge

Es gibt keine festen Regeln für die Erstellung von Energieberatungsberichten. Üblichweise sind die Details von der Aufgabenstellung bestimmt. Generell sollte man folgendem groben Aufbau folgen:

- Einleitung mit Aufgabenstellung, Nennung der verwendeten Programme und Rechengrundlagen, ggf. wichtigen Begriffen
- Beschreibung des vorhandenen Zustands mit Energiebilanz und Verbrauchsdaten
- Beschreibung der Verbesserungsmaßnahmen (Einzelmaßnahmen und zusammen- gefasste Maßnahmen = Pakete) mit Kosten und Einsparung, ggf. mit Wirtschaftlichkeit und Umweltwirksamkeit
- Zusammenfassung mit Empfehlungen zur Umsetzung, ggf. Förderhinweisen
- Anhang mit vollständiger Dokumentation der Berechnungen

Die Empfehlung lautet, Anhänge nur auf Datenträger (üblicherweise CD) abzugeben, aber dennoch vollständig. Das betrifft insbesondere a l l e Energiebilanzen der Beratung, alle weiteren Nachweise und Wirtschaftlichkeitsberechnungen – auch für Einzelmaßnahmen. Die Ergebnisse des Berichtes sollten lückenlos nachvollziehbar sein. Alle Annahmen und Eingaben, die aus Platzgründen im Bericht nicht genannt wurden, finden sich im Anhang.

1.5 Zuschnitt des Berichtes auf den Leser

Die Gliederung und Formulierung des Berichtes muss auf den Leser zugeschnitten sein. Das betrifft die Detailtiefe und die Verwendung von Fachwörtern. Die wichtigsten, unbedingt notwendigen Begriffe sollten erläutert werden (Endenergie, U-Wert usw.), auf weitere fachliche Ausschmückungen (Heizkurvensteilheit, Absorptionsgrade usw.) sollte weitgehend verzichtet werden. Bedenken Sie: alle verwendeten Fachbegriffe müssen Sie im Gespräch ggf. in drei einfachen Sätzen dem Kunden erklären können.

Schreiben Sie so, wie der Leser es verstehen kann! Daraus folgt meist: die Anhänge enthalten alle Berechnungen, der Bericht präsentiert nur die Ergebnisse ohne großen Kommentar der Berechnung. Daher umfassen die meisten Beratungsberichte auch nur 15 bis 30 Seiten, die Anhänge 100 Seiten oder mehr.

1.6 Einsatz von Grafiken und Tabellen

Grafiken und Tabellen sollten Text ersetzen und daher nur kurz im Text erläutert bzw. erwähnt werden. Möglichst somit inhaltliche Dopplungen vermeiden. Beispiel: "Die Grafik stellt die Wärmeverluste des Gebäudes dar. Je höher die Balken, desto größer der Verlust". Wie hoch welcher Balken letztlich ist, gehört nicht mehr in den Text, das zeigt die Grafik.

Grafiken und Tabellen sollten möglichst selbsterklärend sein. Das setzt voraus, dass Überschriften, Tabellenköpfe und Achsen in Grafiken sinnvoll beschriftet werden. So einfach, dass der fachlich nicht versierte Leser den Inhalt versteht, sich aber keine fachlichen Fehler ergeben. Beispiel: "Zusammensetzung der Endenergie in kWh/(m²a)" statt "Q_E in kWh/(m²a)" als Überschrift einer Grafik. Also möglichst wenige Formelzeichen, aber bitte Einheiten, denn auch einem Fachkollegen kann Ihr Bericht in die Hände fallen und dann sind Einheiten notwendig.

Bei Vorher-/Nachher-Vergleichen (z.B. der Höhe der Transmissionsverluste durch einzelne Bauteile) sollte die gleiche Skalenteilung gewählt werden, damit die Unterschiede plastisch werden.

Die künftigen Verbesserungsmaßnahmen sollten auch in Bildern und Tabellen eindeutige Namen bekommen. Beispiel: "P1: Maximaldämmung" und nicht nur "Paket 1". Das erleichtert das Lesen und vermindert das Blättern.

1.7 Genauigkeit und Schutzklauseln

Im Bericht, aber auch in Grafiken und Tabellen sind Zahlen sinnvoll gerundet anzugeben. Das betrifft insbesondere Ergebnisse der Energiebilanz, Investitionskostenschätzungen, Amortisationszeiten.

Der Bericht enthält eine Schutzklausel, die deutlich macht, dass alle Berechnungen und Kostenschätzungen Näherungen sind.

2 Bestandsaufnahme

Der nachfolgende Abschnitt kommentiert kurz die Bestandsaufnahme des konkreten Beratungsobjektes in Braunschweig. Es werden auch Hinweise allgemeiner Art gegeben.

2.1 Vorhandene Pläne, Beschreibungen und weitere Daten

Im konkreten Fall waren alte Pläne von der Bauantragstellung in den 1930er Jahren vorhanden sowie eine alte Baubeschreibung mit qualitativer Erläuterung der Konstruktionen. Die Pläne enthielten alle Geometriemaße in auswertbarer Form, jedoch fehlen die Fenster- und Türmaße. U-Werte waren nicht gegeben. Im Keller bzw. in den Revisionsunterlagen der Wohnbaugesellschaft wurden Datenblätter bzw. Produktbeschreibungen vom Kessel, der Kesselregelung und der Pumpen vorgefunden. Die letzten Schornsteinfegermessungen klebten am Kessel.

Verfügbar waren außerdem Verbrauchsdaten seitens des Wohnbauunternehmens – auf Nachfrage für zwei Jahre, in denen es voll vermietet war. Weiterhin wurden die vermietete Fläche (Bezugsgröße im Bericht) und die Zeiten der letzten Modernisierung (Heizung, Fenster) vom Wohnbauunternehmen mitgeteilt.

2.2 Die Aufnahme vor Ort

Die Aufnahme vor Ort umfasste zunächst die Festlegung des beheizten Bereiches sowie die Sichtung aller Baukonstruktionen (die den beheizten Bereich umschließen), teilweise mit Gesamtdickenmessung. Darüber hinaus wurden die fehlenden Fenster- und Türmaße ermittelt und die U-Werte der Gläser vor Ort abgelesen (und fotografiert).

Von den technischen Anlagen wurden aufgenommen: die Leitungslängen im Keller mit Rohrdurchmesser und Dämmdicken, Speichergröße und Dämmdicke, das Kesseltypenschild, alle Pumpen. Die Vorlauftemperatur sowie die Zeit der Nachtabsenkung und die Zirkulationsdauer wurden vor Ort aus der Regelung ausgelesen.

Schwachstellen am Baukörper und der Anlage wurden gesichtet. Eine Fotodokumentation der wichtigsten Gegebenheiten wurde erstellt.

2.3 Ermittlung fehlender Daten und Festlegungen

Es fehlte eine Reihe von Daten, vor allem die Nutzung betreffend. Nach Sichtung des Gebäudes und Rücksprache mit dem Wohnbauunternehmen und einer Mieterin wurde die Bewohnerzahl auf 6 ... 8 Personen festgelegt.

Die Nutzergewohnheiten wurden ausschließlich ohne eine Befragung vor Ort später bei der Energiebilanzierung des Bestandes festgelegt. Das betraf die Innentemperaturen, den Warmwasserbedarf, die inneren Wärmegewinne und das Lüftungsverhalten. Alle Werte wurden auf "durchschnittlich" im Sinne der Vorgaben der IWU-Energiebilanz festgesetzt. Der Anteil der niedrig beheizten Bereiche wurde anhand der Wohnungsrundrisse geschätzt.

Die Leitungslängen im beheizten Bereich (Steigestränge und Anbindeleitungen bzw. Stichleitungen) wurden anhand der Pläne und der vor Ort vorgefundenen prinzipiellen Leitungsverlegung geschätzt, weil die Wohnungen nicht alle begangen werden konnten. Die Dämmung und teilweise die Durchmesser der Rohre im beheizten Bereich wurden geschätzt. Berücksichtigt wurden dabei die Daten der gesichteten Netzabschnitte.

Pumpenleistungen und Leistungen der anderen Hilfsantriebe (außer Zirkulationspumpe) sowie deren Laufzeiten wurden anhand der Vorgaben der IWU-Energiebilanz geschätzt. Gleiches gilt für den Bereitschaftsverlust des Kessels. Die Rücklauftemperatur im Heiznetz wurde angenommen, so dass sich eine realistische Temperaturpaarung ergab.

Die Berechnung der U-Werte der Hüllbauteile erfolgte anhand von Festlegungen zu Schichtdicken und Wärmeleitfähigkeiten. Es wurden berücksichtigt: die alte Baubeschreibung und die Sichtung vor Ort. Die g-Werte der Fenster entstammen einer Typologie des IWU.

Temperaturen in angrenzenden Räumen, welche den beheizten Bereich umgeben (Treppenhaus, Keller, Dachraum), wurde nach der Begehung festgelegt.

Weil die berechneten Bedarfswerte nach der Ersteingabe in das Rechenprogramm sehr weit oberhalb des Verbrauchs lagen, wurden Festlegungen jeweils letztlich so getroffen, dass sich tendenziell eine Annäherung von Bedarf und Verbrauch abzeichnete. Die Heizgrenztemperatur wurde daher u. a. mit 12°C sehr niedrig gewählt.

Die fehlenden Wetterdaten wurden vom IWU aus dem Internet beschafft.

3 Verbrauchsdaten

Nachfolgend wird erläutert, warum Verbrauchsdaten im Bericht berücksichtigt werden, woher die Ausgangsdaten üblicherweise stammen und in welcher Weise sie verwendet werden.

3.1 Hintergrundinformationen

Ein Energiegutachten umfasst im Wesentlichen die Aufnahme eines bestehenden Objektes, eine Energiebilanz im vorgefundenen Zustand, verschiedene Vorschläge für Verbesserungsmaßnahmen, Einspar- und Wirtschaftlichkeitsnachweise sowie Empfehlungen an die Auftraggeber, was in welcher Reihenfolge am besten zu tun ist. Bei der Erstellung der Energiebilanz im vorgefundenen Zustand des Objektes können Verbrauchsdaten berücksichtigt werden. Sie helfen als Orientierung, den Bedarf nah an der Realität zu bestimmen. Grundsätzlich sind bei der Einbindung von Verbrauchsdaten zwei Fälle einer Beratung zu unterscheiden:

1. Das Gutachten soll für ein Objekt erstellt werden, für das Verbrauchsdaten vorliegen und das auch nachher nicht umgenutzt oder verkauft wird. Das in die Verbrauchsdaten eingeflossene Nutzerverhalten bleibt in etwa erhalten. Den Kunden interessiert die Einsparung bei gleichem Verhalten wie vorher. Typischer Anwendungsfall: Gutachten für EFH-Besitzer, die im Gebäude verbleiben oder Gutachten für Mehrfamilienhäuser. Auch Gutachten für Nichtwohngebäude mit gleichen Nutzern vor und nach der energetischen Verbesserung zählen dazu.
2. Das Gutachten soll für ein Objekt erstellt werden, für das keine Verbrauchsdaten vorliegen oder für das eine Umnutzung ansteht. Das Nutzerverhalten vorher wird nicht mit dem nach der Verbesserung übereinstimmen. Es ist wenig sinnvoll, die Verbrauchsdaten vorher in die Einsparaussagen einzubeziehen. Typischer Anwendungsfall: Gutachten für zum Kauf/Verkauf anstehende Objekte, geerbte/zu vererbende Objekte, zur Umnutzung anstehende Objekte. Auch Gutachten für Gebäudebesitzer, die später verkaufen oder vererben wollen, können dazu zählen.

Im ersten Fall erfolgt der Einbezug von Verbrauchsdaten in die Energieberatung, damit die Annahmen und Rechenergebnisse des Energiebedarfs auf Plausibilität geprüft werden können. Üblicherweise werden die Randdaten der Bedarfsbilanz, die vor Ort nicht konkret aufgenommen werden können (Luftwechsel u. ä.) oder für die nur eine Bandbreite bekannt ist (U-Werte u. ä.) vom Berater so gewählt, dass Bedarf und Verbrauch möglichst näherungsweise übereinstimmen (unser Ziel ± 10 %). Ist der Bestand plausibel bewertet, sind auch die durch Verbesserungsmaßnahmen berechneten Einsparungen für den Auftraggeber realistisch. Da der Nutzer des Objektes verbleibt, ist in der Regel interessant, was mit seinem Verhalten konkret gespart wird und nicht, was ein Standardnutzer sparen würde.

Im zweiten Fall muss von Standardnutzern ausgegangen werden, da das Verhalten der Nachnutzer noch nicht bekannt ist. Die Verbrauchsdaten heute können in der Beratung praktisch nicht berücksichtigt werden. Dort muss auf die Plausibilitätsprüfung mit dem Verbrauch verzichtet werden.

Es kann Mischformen geben oder nicht eindeutige Fälle. Bestes Beispiel: das Rentnerehepaar, dass noch 10 Jahre im Haus bleiben will. Soll die Beratung auf die beiden Personen zugeschnitten erfolgen (1.) und interessieren die mit diesen beiden Personen erreichbaren Einsparungen? Oder soll heute schon von einem mittleren Nutzerverhalten ausgegangen werden (2.), für den Fall, dass das Gebäude vererbt oder verkauft wird? In beiden Fällen sind jeweils andere Verbesserungsmaßnahmen wirtschaftlich (Stichwort: Solaranlage). Es sollte gerade mit Eigentümern von EFH, die im Objekt wohnen, geklärt werden, welches Gutachten gewünscht wird.

3.2 Ermittlung von Verbrauchsdaten

Es empfiehlt sich, Verbrauchswerte von mindestens drei bis zu fünf Jahren zu verwenden. Dabei müssen dies repräsentative Jahre sein – ohne zwischenzeitliche Änderungen am Baukörper oder der Anlagentechnik und möglichst mit ähnlichem Nutzerverhalten.

Bei Abrechnungsdaten für Gas, Strom, Fernwärme (versorgergebunden) reichen in der Regel drei Jahre, bei Energieträgern, für die es nur Einkaufsbelege gibt (Öl, Holz, Kohle, Flüssiggas) sollten besser 5 Jahre berücksichtigt werden. Energiemengen für die es keine Dokumentation gibt (Kaminholz aus dem Wald) müssen unbedingt geschätzt werden!

Für das untersuchte Gebäude konnten nur zwei repräsentative Jahresabrechnungen des Gasverbrauchs bereitgestellt werden.

3.3 Anwendung der Rechenprogramme zur Witterungskorrektur

Die Verbrauchsdaten werden vor dem Vergleich mit berechneten Bedarfswerten zunächst witterungskorrigiert. Das bedeutet, dass der Einfluss des Wetters im Messzeitraum herausgerechnet wird. Der korrigierte Verbrauch basiert auf einem Langzeitklima ("was hätte man durchschnittlich verbraucht"), genauso wie die Bedarfsrechnung. Anhand der Witterungsdaten wird nur der Verbrauchsanteil für Heizung korrigiert.

Das für die Beratung verwendete Excelprogramm zur Witterungskorrektur ist selbst programmiert. Es sind folgende Hinweise bei der Anwendung zu beachten (Stand 2007):

- die Energieträgerdaten sollten bei gasversorgten Häusern unbedingt der Gasabrechnung entnommen werden, der dort angegebene Brennwert wird in das Programm eingetragen
- die Gasmengen sind immer in Kubikmetern einzutragen, nicht in kWh/a
- auch Holzmengen für Kaminöfen etc. sind hier zu berücksichtigen
- die Abschätzung des Warmwasseranteils kann am besten erfolgen, indem der Anteil eingetragen wird, den die Energiebedarfsbilanz des Bestandes ausgibt

Zu den Wetterdaten noch einige gesonderte Hinweise:

- die für die Messzeiträume einzutragenden Wetterdaten entstammen der Wetterdatenzusammenstellung des IWU – wobei zu beachten ist, dass die Heizgradtage nach VDI 3807 zu verwenden sind (nicht Gradtagszahlen)
- wenn die Messdaten für Zeiträume kleiner oder größer als 12 Monate benötigt werden (im Bericht beispielsweise 11 Monate: 30.07.2003 bis 30.06.2004), müssen die Wetterdaten für diese 11 Monate im Jahr 2003/2004 manuell ermittelt werden; Beachten Sie: das Wetterdatenprogramm gibt als Summe nur Werte für das ganze Jahr aus, aber die 11 Monate sind als Einzelwerte verfügbar!
- als Wetterdaten für das langjährige Mittel sind immer Jahreswerte auszulesen
- die Heizgrenztemperatur, die eingetragen wird, ist die gleiche, die auch bei der Bedarfsbilanz verwendet wird (im Beispiel 12°C)

4 Energiebilanz Bestand

Im nachfolgenden Abschnitt werden die energetische Bewertung des Beratungsobjektes kommentiert, Schwierigkeiten und Vorgehensweisen erläutert sowie ein Einblick in die Handhabung des verwendeten Programms gegeben.

4.1 Hintergrundinformationen

Die Energiebilanzierung des Bestandes erfolgt mit dem "Energiepass Heizung/ Warmwasser" bzw. mit dem "IWU Energieberatungstool". Die 2007 verwendete Programmversion enthält Ergänzungen der Energieagentur NRW sowie eigene Modifikationen (v. a. Verbrauchsabgleich und Grafiken).

Sinn der Energiebilanz des Bestandes ist es, die Wärmeströme – insbesondere die Verluststräme – des Gebäudes sichtbar zu machen, damit Angriffspunkte für die Modernisierung offen gelegt werden. Alle Erkenntnisse der Bestandsaufnahme finden sich hier wieder. Die Ergebnisse der Bilanz sollen im vorliegenden Fall dem Verbrauch des untersuchten Gebäudes in etwa entsprechen.

Die Ergebnisse der Bestandsbilanz dienen nur der Erarbeitung des Berichtes für die Bauherren, nicht diversen anderen Nachweisen (EnEV, KFW, Passivhaus, dena-Energiepass o. ä.). Letztere werden mit anderen Softwareprogrammen bzw. unter anderen Randbedingungen erstellt!

4.2 Anwendung des "IWU-Energieberatungstools"

Die Erläuterungen beziehen sich auf das im Beispielbericht verwendete Programm und die darin befindlichen Tabellenblätter.

Blatt "Ergebnisse"

- alle aufgeführten Ergebnisse sind verknüpft mit den Daten in den anderen Blättern
- es ist ggf. ein Foto des Gebäudes einzufügen
- die Endenergiemengen in kWh/a sind relevante für alle weiteren Betrachtungen (Wirtschaftlichkeit, CO_2, Primärenergie)
- die Anteile von Heizung und Trinkwarmwasserbereitung an der Endenergie (in %) sind ggf. für die Witterungskorrektur der Verbrauchsdaten zu verwenden

Blatt "Grunddaten"

- Eingabe eines Projektnamens mit Variantenbezeichnung, denn dieser Name erscheint in jedem Tabellenblatt

- die Wahl des Klimastandortes bestimmt die Außentemperaturen, Heizzeiten, Solarstrahlungsdaten
- die minimale Temperatur wird nur für die Heizlastberechnung (maximale Heizleistung des Erzeugers) benötigt

Blatt "U-Werte"

- es können manuell Grafiken zu den Schichtaufbauten eingefügt werden
- die Materialabfolgen und deren Wärmeleitfähigkeiten sind anderen Quellen, z.B. den im Beratungsbeispiel genannten, zu entnehmen (die Angabe der Quelle wird empfohlen)
- zur Berechnung kann zusätzlich das Blatt "Hilfen_Rsi,Rse,Ru..." eingeblendet werden, auf welchem die Wärmeübergangswiderstände verzeichnet sind
- ist der U-Wert bekannt oder wird er nicht aus Schichten berechnet (z.B. bei Fenstern), muss im Kästchen "U-Wert" die Formel überschrieben werden und der Wert direkt dort eingetragen werden

Blatt "Flächen"

- im oberen Bereich werden alle Einzelflächen eingetragen und für jede Einzelfläche wird ein Bauteilkürzel vergeben, so dass alle Flächen mit dem gleichen Kürzel später automatisch vom Programm zusammenaddiert werden können
- Abzugsflächen müssen jeweils unter den Bruttoflächen stehen, von denen sie abgezogen werden sollen
- es empfiehlt sich gleiche Maße zu verlinken statt sie immer wieder neu einzugeben, da spätere Änderungen dann einfacher sind (im Beispiel sind die Eingaben farbig gelb und rosa markiert und die resultierenden Verlinkungen farblos)
- nur (!) bei den transparenten Flächen wird die Himmelsrichtung eingetragen
- das Flächenaufmaß wird anhand der Außenmaße der Flächen gemacht, beim unteren Gebäudeabschluss zählt die Oberkante der Rohdecke, beim oberen Gebäudeabschluss die letzt wärmetechnisch wirksame Schicht

- bei der "Zusammenfassung aller Bauteile" sind die verwendeten Bauteilkürzel noch einmal einzugeben, so dass das Programm für jedes Kürzel die zugehörigen Einzelflächen summieren kann
- die U-Werte sind per Menü zuzuordnen
- es ist auszuwählen, an welche Art Raum oder welche Temperatur diese Fläche grenzt, so dass das Programm einen Korrekturfaktor errechnen kann

- die "Zusammenfassung transparenter Flächen" listet nach Himmelsrichtungen die transparenten Flächen auf, die als Einzelflächen eingegeben wurden

- das beheizte Gebäudevolumen (in Außenmaßen) wird nicht unmittelbar in der Berechnung gebraucht, sollte aber dennoch ermittelt werden
- Hinweis: verlinken Sie die Geometriemaße mit den Maßen der Einzelflächen, so dass sich das Volumen automatisch mit ändert, wenn Geometriedaten sich ändern

Blatt "Heizwärmebedarf"

- es sind Geschosszahlen, Wohneinheiten, die Energiebezugsfläche (meist Wohnfläche) einzugeben
- die Heizgrenze wird per Menü gewählt, 15°C ist der typische Wert für einen unsanierten Bestand, 12°C für den Zustand nach der Modernisierung oder nicht so schlechte Bestandsbauten, 10°C für Niedrigenergie- und Passivhäuser
- die Raum-Solltemperatur ist der Wert für die beheizten Räume bei Normalbetrieb (Tagphase), sie wird ggf. um die Nachtabsenkung und Teilbeheizung korrigiert
- den Trinkwarmwassernutzen über Personen oder Fläche schätzen oder detailliert berechnen (und dabei die Formel überschreiben)

- die Transmissionsverluste werden automatisch berechnet
- falls Wärmebrücken berücksichtigt werden sollen, dann sind diese unterhalb der automatischen Flächenaufstellung zu ergänzen (Vorsicht: die Formeln werden dabei überschrieben!)
- die Bewertung der Lüftung erfordert Eingaben von Luftwechseln, das Handbuch zum Programm gibt Standardwerte
- Hinweis: in Gebäuden mit Lüftungsanlage sind die Fensterlüftungsanteile zu reduzieren oder zu null zu setzen
- für die solaren Wärmegewinne sind noch g-Werte der Gläser zu ergänzen und ggf. der Reduktionsfaktor (für Verschmutzung, Verschattung etc.) zu ändern
- die inneren Wärmequellen sind mit Hilfe des Handbuchs zu ergänzen

Blatt "Endenergiebedarf"

- für die Warmwasserbereitung werden die Leitungslängen von maximal 3 Abschnitten des Verteilnetzes eingegeben und die Leitungsverluste nach Handbuch ergänzt
- die Speicherverlustleistung wird aus dem Handbuch bestimmt
- für Leitungen und den Speicher wird angegeben, ob die Verluste im beheizten Bereich frei werden bzw. wie viel Prozent im beheizten Bereich anfallen
- für die Heizung werden die Leitungslängen von maximal 3 Abschnitten des Verteilnetzes eingegeben und die Leitungsverluste nach Handbuch ergänzt
- die Leitungen im beheizten Bereich müssen nicht eingegeben werden, können aber – um die Rechnung zu verbessern
- zusätzliche Wärmeverluste sind z.B. Pufferspeicherverluste, die separat berechnet werden müssen
- für Leitungen und die zusätzlichen Verluste wird angegeben, ob bzw. wie viel Prozent der Wärme im beheizten Bereich frei werden
- die maximal 6 Hilfsgeräte werden anhand ihrer Leistung und Laufzeit bewertet
- ein zentraler Wärmeerzeuger kann berechnet werden
- Eingaben zur Leistung, zu den Bereitschaftsverlusten, zum Kesselwirkungsgrad und zum Verschmutzungsfaktor werden gemacht – Hilfen siehe Handbücher
- die maximal 3 Energieträger werden eingegeben und mit Primärenergie- und CO_2-Faktoren versehen – ggf. Aktualisierungen aus dem Internet beachten (www.iwu.de)
- für die Wärmeerzeuger müssen die Aufwandszahlen manuell eingetragen werden oder verlinkt werden mit der Aufwandszahl der "Detailberechnung"
- eine Solaranlage hat die Aufwandszahl 0

Blatt "Verbrauchsabgleich"

- der Verbrauch sowie (informativ) die Daten zur Witterung werden eingetragen oder verlinkt mit der entsprechenden Datei
- es muss angekreuzt werden, ob der Verbrauchswert die Warmwasserbereitung und Anteile dezentraler Verbraucher enthält – falls dies so ist, muss auch der Bedarf diese Anteile enthalten!
- die Abweichung sollte möglichst 10 % nicht überschreiten

Blatt "Grafiken"

- zur freien Gestaltung

4.3 Probleme bei der Bestandsbewertung

Größtes Problem im Braunschweiger Beispielprojekt: die Bedarfswerte wichen bei der Ersteingabe vom witterungskorrigierten Verbrauch um fast 50 % ab (Bedarf höher als Verbrauch). Dies lag an den Annahmen der unbekannten (Luftwechsel, Innentemperaturen etc.) oder unsicheren (U-Werte etc.) Randdaten der Bilanz.

Die Eingaben der Bedarfsbilanz, bei denen ein Spielraum möglich war, wurden nach unten geändert, bis die Abweichung zwischen Bedarf und Verbrauch eine akzeptable Toleranz von etwa 10 % erreichte. Dabei wurde darauf geachtet, dass alle Eingaben immer plausibel blieben! Begründung: die später berechneten Einsparungen beruhen auf der Energiebilanz des Bestandes. Damit sie einigermaßen verlässlich sind, darf der Bestand nicht zu schlecht bewertet werden. Aber die Bestandsbewertung selbst muss natürlich auch glaubwürdig sein.

Die getroffenen Annahmen für Luftwechsel, U-Werte, Innentemperaturen usw. sind im Bericht im Abschnitt 2. "Vorhandener Zustand" dokumentiert.

4.4 Hinweise zur Heizlastberechnung

Als Nebenprodukt der Energiebilanz wird die Heizlast des Gebäudes berechnet. Diese Leistung ergibt sich aus den Eingaben zum Gebäudevolumen, zu Flächen, U-Werten und Abminderungsfaktoren sowie Festlegungen der Innen- und Außentemperaturen am rechnerisch kältesten Tag eines Jahres. Das "IWU Energieberatungstool" rechnet an dieser Stelle einen Näherungswert dieser Heizlast aus, die eigentlich nach DIN EN 12831 zu bestimmen ist.

Der eingesetzte Wärmeerzeuger muss diese Heizlast plus gegebenenfalls einen Leistungszuschlag für die Warmwasserbereitung aufbringen können. Der notwendige Warmwasserzuschlag richtet sich im Wesentlichen nach der Heizlast, der Anzahl der Personen, welche Warmwasser zapfen (Zapfstellen), und der Größe des vorhandenen Warmwasserspeichers. Da das untersuchte Gebäude mit 200 Litern einen recht kleinen Speicherinhalt für ein 4-Familien-Haus aufweist, fällt der Zuschlag entsprechend groß aus. Es wird auch in der Modernisierung kein Kessel unter 24 kW empfohlen, trotzdem die Heizlast des Gebäudes nur bei ca. 10... 13 kW liegt. Hinweise zur Leistungsauslegung für Erzeuger liefern Planungshilfen der großen Kessel/Speicherhersteller.

Die Heizlast wird auf dem Bogen "Ergebnisse" mit ausgegeben. Sie sollte im Beratungsbericht genannt werden, insbesondere in BAFA-konformen Berichten.

5 Energiebilanz Verbesserungen

Dieser Abschnitt kommentiert die Vorgehensweise bei der Erarbeitung von Verbesserungsmaßnahmen für das Gebäude, der zugehörigen energetischen Berechnungen incl. der Nachweise für die KFW-Förderung.

5.1 Wahl der Verbesserungsmaßnahmen

Die Wahl der Maßnahmen hängt vom Ziel des Auftraggebers sowie vom Wunsch bzw. den Möglichkeiten der Kapitalbeschaffung ab. Beides, die Finanzierung (Förderung? Kredit? Eigenkapital?) und die Modernisierungsziele (Solar? Lüftung? Dämmung? neue Heizung? Anbau? Umbau? usw.) sollten Sie unbedingt frühzeitig klären. So kann die Umsetzbarkeit der Maßnahmen vor Ort bereits bei der Gebäudeaufnahme geprüft werden. Wichtige Punkte sind Platzbedarf (Solar, Lüftung, Pelletlager ...), Sparrenhöhe, Dachüberstände und Kellerdeckenhöhen bei Dämmung, mögliche Leitungsführung usw.

Im Beratungsprojekt waren folgende Randdaten zu beachten:

- die Finanzierung sollte weitgehend über die KFW erfolgen
- die Maßnahmen sollten so umfassend gewählt werden, dass ein Tilgungszuschuss für den Kredit erreicht wird
- es sollen wirtschaftliche Maßnahmen empfohlen werden
- Priorität haben Dämmmaßnahmen, ein Kessel- oder Fenstertausch wird primär nicht angestrebt, eine Solar- und Lüftungsanlage kommen in Betracht, werden aber nicht favorisiert.

Die Maßnahmen wurden so als Pakete zusammengestellt, dass jeweils eine Förderung durch die KFW möglich ist, wobei entweder die niedrige oder die hohe Stufe des Tilgungszuschusses (5 %, 12,5 %) eingehalten wird. Es werden keine Maßnahmen vorgeschlagen, die eine Abwicklung über die KFW unmöglich machen, aber auch keine, die das KFW-Ziel bei weitem übertreffen.

Die KFW stellt an die Förderung folgende Bedingung: ein Kredit mit 5 % Tilgungszuschuss kann erreicht werden, wenn das Gebäude nach der Modernisierung den EnEV-Neubaustandard erreicht. Ein Kredit mit 12,5 % Tilgungszuschuss kann erreicht werden, wenn das Gebäude nach der Modernisierung den EnEV-Neubaustandard um 30 % unterschreitet. Beides erfordert den EnEV-Nachweis über die Güte der Gebäudehülle (Nebenanforderung H_T') und des Primärenergiebedarfs insgesamt (Hauptanforderung Q_P'').

5.2 Vorgehen bei der Bewertung von Maßnahmen

Hinsichtlich der Energiebilanzierung ist zu klären, ob die Maßnahmen aufeinander folgend bewertet werden sollen oder als Einzelmaßnahmen plus Pakete. Beides hat Vor- und Nachteile:

- Aufeinander folgend: M1, M1+M2, M1+M2+M3, M1+M2+M3+M4 usw.
- Einzelmaßnahmen und Pakete: M1, M2, M3, M4 usw. / M1+M2+M4 usw.

Aufeinander folgende Berechnungen bieten sich an, wenn die Modernisierungsziele schon recht klar sind und auch deren Reihenfolge in der Umsetzung. Die berechneten Einsparungen von einem Schritt zum nächsten ergeben sich nur, wenn erstens alle Maßnahmen und zweitens auch genau in der angenommenen Reihenfolge umgesetzt werden.

Die Berechnung von Einzelmaßnahmen erfolgt jeweils ausgehend vom Bestand. Die sich ergebenden Einsparungen dürfen auf keinen Fall summiert werden! Diese Vorgehensweise der Berechnung ist praktisch, wenn man zunächst sinnvolle von nicht sinnvollen Einzelmaßnahmen trennen möchte, um dann Pakete zu generieren. Die Berechnung von Einzelmaßnahmen und Paketen bietet sich an, wenn noch ganz unterschiedliche Alternativen offen sind.

Im Beispielprojekt wurden zunächst Einzelmaßnahmen getestet (welche Maßnahmen rechnen sich überhaupt und in welcher Rangfolge) und dann sinnvolle Pakete daraus gebildet (welche sinnvollen Kombinationen sind möglich und erreichen KFW-Förderung).

5.3 Hinweise zur Arbeit mit Software

Für die Bewertung der Verbesserungsmaßnahmen kommen parallel zwei Energiebilanz-verfahren zum Einsatz: das "IWU Energieberatungstool", welches auch schon für die Bestandsbewertung eingesetzt wurde und ein Programm für den EnEV-Nachweis (es besteht in der Version von 2007 aus drei Excel-Dateien). Die Programme sind miteinander verknüpft, so dass parallel sichtbar wird, welche Auswirkungen die Eingabe von Verbesserungen auf beide Energiebilanzen hat.

Die Eingaben der besseren U-Werte bzw. der zusätzlichen Dämmschichten erfolgen im "IWU Energieberatungstool". Das "EnEV Programm" ist mit den sich ergebenden U-Werten sowie mit den Geometriedaten verknüpft und ändert sich parallel ohne weitere Eingaben mit.

Die Programme werden – wegen des Ziels, den KFW-Kredit zu erlangen – in folgender Reihenfolge bedient:

1. Verbesserung des Baukörpers durch Eingabe der zusätzlichen Dämmschichten in das "IWU Energieberatungstool" – es ergeben sich die neuen U-Werte, welche zum "EnEV Programm" verknüpft sind.
2. Kontrolle der sich ergebenden Baukörperbewertung im "EnEV Programm" – ggf. Änderung der Dämmschichten, bis auf jeden Fall die KFW-Förderbedingungen erreicht sind (100% oder 70% von H_T').
3. Eingabe der geplanten Anlagentechnik nach der Modernisierung in das "EnEV Programm" und Kontrolle der sich ergebenden Primärenergiebewertung im "EnEV Programm" – ggf. Änderung der Technik, bis auf jeden Fall die KFW-Förderbedingungen erreicht sind (100% oder 70% von Q_P'').
4. Eingabe der neuen Anlagentechnik im "IWU Energieberatungstool" und Berechnung der zu erwartenden Einsparungen unter realistischen Randdaten.

In der Regel ist es erforderlich, jeweils an beiden "Stellschrauben" zu drehen, den U-Werten und der Technik, um die EnEV in beiden Punkten (H_T' und Q_P'') zu erfüllen. Es ist jedoch kaum möglich, in beiden Anforderungen eine Punktlandung zu erreichen (Nachweis gerade eingehalten).

Im Braunschweiger Beratungsprojekt muss beispielsweise die Dämmung auch über das EnEV-Niveau erhöht werden, wenn die alte Anlage verbleiben soll (Maßnahmenpaket 1). Somit wird die Primärenergie Q_P'' gerade eingehalten, aber der Baukörper ist deutlich besser als er im Minimum sein müsste (H_T' übererfüllt). Es kann ein Kredit mit 5 % Tilgungszuschuss erlangt werden. Auch der umgekehrte Fall tritt ein: die Primärenergieanforderung wird mit dem Holzkessel weit unterboten (Q_P'' übererfüllt), aber der Baukörper erreicht gerade die EnEV-Anforderung an H_T' (Maßnahmenpaket 4).

Hinweis: die verlinkten vier Dateien IWU+EnEV werden für die Berechnung weiterer Varianten alle zusammen geöffnet und dann alle unter einem neuem Namen gespeichert, zum Schluss alle gemeinschaftlich geschlossen. Die Excel-Links bleiben so erhalten.

5.4 Änderung von Eingaben im "IWU Energieberatungstool"

Es wird eine Kopie von der fertigen Datei der Bestandsbewertung gemacht. Das Blatt "Verbrauchsdaten" wird anschließend ausgeblendet, weil es für die Verbesserungsmaßnahmen nicht relevant ist. Wichtige Änderungen in den einzelnen Blättern des Programms werden nachfolgend beschrieben.

Blatt "U-Werte"

- die Dämmschichtdicken und Wärmeleitfähigkeitsgruppen von Dämmschichten werden ergänzt, bei Fenstern und Türen werden die U-Werte ggf. direkt geändert
- alle Änderungen werden zur besseren Übersicht farbig markiert

Blatt "Flächen"

- das Flächenaufmaß ändert sich, wenn Dämmschichten zu den Bauteilen hinzukommen, weil Flächen anhand ihrer Außenabmessungen bewertet werden
- es empfiehlt sich daher die zusätzlichen Dämmschichtdicke im Blatt "U-Werte" mit den Abmessungen der Bauteile im Blatt "Flächen" automatisch zu verknüpfen – im Beispielprojekt sind die Maße, welche sich ändern, farbig markiert (gelb)

Blatt "Heizwärmebedarf"

- ggf. ist die Heizgrenze zu ändern auf 12°C für den Zustand nach der Modernisierung oder 10°C für Niedrigenergie- und Passivhäuser
- die Eingaben zum Nutzer sollten erhalten bleiben, es sei denn bewusste Änderungen sind geplant oder absehbar
- falls nun Wärmebrücken berücksichtigt werden sollen, sind diese unterhalb der automatischen Flächenaufstellung zu ergänzen (Vorsicht: die Formeln werden dabei überschrieben!)
- Änderungen an den g-Werten der Gläser sowie der Einsatz von Lüftungsanlagen ist einzugeben und zur besseren Übersicht farbig zu markieren

Blatt "Endenergiebedarf"

- Änderungen an den Eingaben sind zur besseren Übersicht farbig zu markieren, die Eingaben selbst erfolgen wie im Bestand

5.5 Eingaben in das "EnEV Programm"

Das Programm besteht in der verwendeten Variante von 2007 aus drei separaten Excel-Dateien: der Berechnung des Jahresheizwärmebedarfs ("EnEV Heizwärme"), der Berechnung der Anlagenaufwandszahl ("EnEV EP") und dem Nachweis über Einhaltung der Grenzwerte ("EnEV Nachweis"). Folgende wichtige Eingaben sind in diesen drei Excel-Blättern zu tätigen.

Programm "EnEV Heizwärme"

- das Gebäudevolumen, die Flächen und U-Werte werden mit dem "IWU Energieberatungstool" verlinkt, damit sich diese Werte automatisch ändern, wenn dort Dämmschichtdicken variiert werden – die verlinkten Daten werden aus Gründen der Übersicht farbig markiert
- Abminderungsfaktoren für die Bauteile, Eingaben für die Solarstrahlung usw. werden nach den Vorgaben der EnEV ergänzt

Programm "EnEV EP"

- im Blatt "Allgemeines" werden die Grunddaten eingetragen
- im Blatt "Gebäude" werden die beheizte Fläche, der Heizwärmebedarf und der Kompaktheitsgrad des Gebäudes verlinkt (die Daten entstammen der Datei "EnEV Heizwärme")
- im Blatt "Anlage" werden mit den verfügbaren Auswahlmenüs die Eingaben zur geplanten Technik nach der Modernisierung getätigt
- im Blatt "Ergebnisse" können keine Änderungen gemacht werden, es handelt sich um eine automatische Berechnung; im unteren Bereich wird das Endergebnis angezeigt, die Anlagenaufwandszahl e_P
- die Ausgaben, welche sich unter "Weitere Ergebnisse" verbergen, werden nicht unbedingt im Nachweis benötigt, können aber dennoch mit abgegeben werden

Programm "EnEV Nachweis"

- aus dem Programm "EnEV Heizwärme" werden die Bauteilflächen, das Volumen, der Wert H_T' und der Heizwärmebedarf verlinkt, aus dem Programm "EnEV EP" die Anlagenaufwandszahl – die verlinkten Daten werden aus Gründen der Übersicht farbig markiert
- es wird ausgewählt, um welche Art Gebäude/Technik es sich handelt, so dass die einzuhaltenden Höchstwerte berechnet werden
- im unteren Teil des Blattes wird der Nachweis ausgegeben – hier ist zu sehen, ob die Grenzwerte eingehalten oder sogar um 30 % unterschritten werden

5.6 Darstellung der Ergebnisse

Die Ergebnisse der Energiebilanz mit dem "IWU Energieberatungstool" erscheinen im Bericht. Dort werden für jede Einzelmaßnahme und für jedes Maßnahmenpaket die Einsparungen (ggf. Mehrbedarf) an Endenergie ausgewiesen. Es gibt in der Zusammenfassung eine grafische Übersicht über die Endenergieveränderung.

Die Ergebnisse der EnEV-Nachweise für die KFW werden im Bericht nicht weiter kommentiert, sondern nur darauf hingewiesen, dass die Nachweise im Anhang zu finden sind und die Anforderungen eingehalten werden. Das Erreichen des Standards wird im Bericht anhand einer Grafik erläutert. Die Größen "Primärenergie" und "Güte der Gebäudehülle" werden nicht weiter erläutert, um den Leser nicht zu verwirren. Die gesamte Berechnung nach EnEV wird nur als notwendiger Nachweis dargestellt, die sich dort ergebenden Endenergien bleiben im Bericht vollkommen unerwähnt!

6 Wirtschaftlichkeitsberechnung

Nachfolgend werden Erläuterungen zur Wirtschaftlichkeitsbewertung, zur Ermittlung der Kostendaten und Festlegung der weiteren Randdaten gegeben.

6.1 Hintergrundinformationen

Die Wirtschaftlichkeitsbewertung ist eine dynamische Rechnung, in der Zins und Preissteigerungen über einen längeren Zeitraum berücksichtigt werden. Es kommt die "LEG Wirtschaftlichkeitsberechnung" zum Einsatz, welche selbst programmiert wurde nach Ansätzen des IWU bzw. des LEG-Verfahrens des Hessischen Wirtschaftsministeriums.

6.2 Randdaten der Wirtschaftlichkeitsbewertung

Die Rechenergebnisse stehen und fallen mit den Eingaben zu den Kosten und den weiteren Randdaten der Berechnung. Dies sind:

Zins:

- der Kalkulationszins ist wahlweise der entgangene Sparzins oder der echte Kreditzins
- typische Rechenwerte sind 5 ... 6 % bei normalen Bankkrediten bzw. 3 ... 4 % für KFW-Kredite
- es sollten keinesfalls die derzeitigen sehr niedrigen Kreditzinsen der KFW einfach eingesetzt werden, wenn die Zinsbindung nur 10 Jahre beträgt – besser einen langfristigen Wert annehmen (KFW liegt dann etwa 2 % unter der Bank)

Preissteigerungen:

- die Preissteigerung für Investitionsgüter, Wartung und Unterhalt liegt bei 1,5 ... 3 % pro Jahr – es handelt sich hierbei um die normale Inflationsrate
- die Preissteigerungen für Energie sind der streitbarste Posten der Berechnung, die letzten 30 Jahre lagen im Mittel bei 6 % pro Jahr – mit starken Ausschlägen nach oben und unten
- rechnerisch empfiehlt sich 6 %/a für alle Energieträger, auch für Holz und Strom, auch wenn sich die Preisentwicklung dieser Energieträger nicht ganz wie für Gas und Öl verhält
- das Blatt "Amortisation" bietet die Möglichkeit die Rechenergebnisse für 3 verschiedene Preissteigerungen miteinander zu vergleichen: typisch 3, 6 und 9 %/a

Lebensdauern und Wartungsansätze:

- die Lebensdauern der Komponenten sind Werte aus der Literatur (VDI 2067, LEG) und sollten nicht allzu stark abgeändert werden
- die Wartungssätze können korrigiert werden, wenn bessere Zahlen vorliegen

Im Projekt wurden die Preissteigerungen auf 6 % (Energie) und 2 % (sonstige) pro Jahr festgelegt. Der Zins beträgt rechnerisch 4 % (KFW) und 6 % (Bank) pro Jahr. Damit liegt die geförderte Investition unter der nicht geförderten, aber die Werte sind langfristig trotzdem realistisch. Diese Annahmen sollten im Bericht beschrieben werden.

6.3 Kostenerhebung

Alle Kosten (Investition und Energiepreise) sind entweder mit oder ohne Mehrwertsteuer einzugeben. Für Endverbraucherberichte eignet sich die Angabe mit Mehrwertsteuer, welche auch im Beispielprojekt gewählt wurde.

Die Kostendaten der Investitionen sind Abschätzungen mit Hilfe von Angeboten (eher selten) oder anhand der Literatur, z.B. Profi-Energieberatungsprogrammen bzw. dem Internet. Für das Beispielprojekt kamen die Abschätzen des Programms "Hottgenroth Energieberater, Programm zur Energieberatung Version 5.1" und aus "Ökotest Ratgeber Bauen, Wohnen & Renovieren, Nr. 08/2006" zum Einsatz. Die Einzelkosten sollten im Anhang, die Summenkosten im Bericht erscheinen.

Es muss deutlich werden, dass es sich um Schätzkosten handelt und dies keine Kostenvoranschläge sind – es sei denn, dies ist mit Bestandteil Ihres Auftrags.

Auch für den Bestand sollten ggf. Nachinvestitionen erhoben werden, wenn nicht davon auszugehen ist, dass der Bestand die nächsten 30 Jahre ohne Investition erhalten werden kann. Im Beispielprojekt wird davon ausgegangen, dass im Sinne der Vergleichbarkeit der Maßnahmen mindestens eine Putzsanierung und eine weiterer Kessel notwendig sind. Diese Investitionen sollten im Bericht kurz beschrieben werden.

Die heutigen Energiepreise sind ebenfalls im Bericht anzugeben. Vor Ausarbeitung des Berichts sind sie ggf. vor Ort zu erfragen. Bei der verwendeten Excelsoftware werden Mischwerte für Leistung- und Arbeitspreis eingegeben.

6.4 Anwendung des LEG-Rechenprogramms

Die Erläuterungen beziehen sich auf das im Beispielbericht verwendete Programm in der Version von 2007 und die darin befindlichen Tabellenblätter.

Blatt "Grunddaten"

- links oben werden die Bezeichnungen der Varianten eingetragen
- links in der Mitte werden Zins, Teuerungsraten, Bezeichnung der Energieträger und deren heutige Preise ergänzt
- in der Tabelle rechts können Eingaben zu Lebensdauern und Wartungsansätzen gemacht werden – eingetragen sind typische Werte, die gern editiert werden können
- soll bei der Berechnung ein Kreditzuschuss oder eine andere einmalige Förderung eingegeben werden, dann ist hier eine eigene neue Rubrik anzulegen, deren Lebensdauer so lang ist wie der Betrachtungszeitraum der Maßnahmen und die 0 % Wartung hat
- der Betrachtungszeitraum sollte möglichst nicht frei gewählt werden (oben anklicken)

Blatt "Kostendaten"

- die Einzelkosten werden beschrieben und Investitionen zu heutigen Preisen hinterlegt; für jede Variante ergeben sich summierte Investitionskosten (interessant für den Bauherren)
- Tilgungszuschüsse oder andere Subventionen werden als negative Kosten eingegeben
- durch Zuordnen zu einer Rubrik werden die im Betrachtungszeitraum insgesamt notwendigen Investitionen berechnet – ist die Lebensdauer kürzer als der Betrachtungszeitraum (z.B. 15 statt 30 Jahre) gibt es rechnerische Nachinvestitionen (die Summe Investition plus Nachinvestition sollte im Bericht nicht erscheinen, da sie den Leser eher verwirrt)
- gleichzeitig wird die Wartung abgeschätzt

Blatt "Energiebedarf"

- die Ergebnisse der Endenergie aus dem "IWU Energieberatungstool" werden hierher verlinkt oder eingetragen

Blatt "Wirtschaftlichkeit"

- die Ergebnisse der Berechnung erscheinen – oben als Absolutkosten unten bezogen auf den Zustand vor der Modernisierung, jeweils im ersten Jahr und im Langzeitmittel

Blatt "Amortisation"

- es wird eine Grafik erstellt, die den äquivalenten Energiepreis ausweist (was kostet die gesparte Kilowattstunde)
- die Schnittpunkte mit der Entwicklung des realen Energiepreises zeigen die Dauer der (dynamischen) Amortisation an – für den Vergleich empfehlen sich Preissteigerungen von 3, 6, 9 %/a für die Energie
- die Grafik liefert keine korrekten Ergebnisse für Varianten, in denen der Energieträger gewechselt wird, dann ist auf das Blatt "Kostenverlauf" zurückzugreifen

Blatt "Kostenverlauf"

- die Summe der Jahreskosten über die nächsten Jahre wird berechnet und eine Aussage über die Wirtschaftlichkeit gegeben
- es ist sinnvoll als erste Bezugsvariante den Bestand zu wählen
- dieses Blatt muss verwendet werden, wenn die Amortisationszeit für Maßnahmen mit Wechsel des Energieträgers ermittelt werden soll

6.5 Berücksichtigung der KFW-Förderung

Die KFW-Förderung besteht für das Beispielprojekt aus einem zinsgünstigen Kredit über 30 Jahre, 5 tilgungsfreien Anfangsjahren und einem Tilgungszuschuss von 5 % bzw. 12,5 % der Kreditsumme. Diese Vorteile werden wie folgt berücksichtigt:

- der zinsgünstige Kredit mit 2,68 % Zins (Festschreibung über 10 Jahre) wird im Programm durch Eingabe von 4 % Zins berücksichtigt – wegen der ungewissen Entwicklung nach Ende der 10 Jahre Zinsfestschreibung wird er rechnerisch höher gewählt, aber immer noch etwa 2 % besser als ein normaler Bankzins
- der Effekt der tilgungsfreien Jahre kann nicht berücksichtigt werden, es wird eine gleichmäßige Abzahlung über 30 Jahre berechnet
- der Zuschuss wird als verminderte Investition berücksichtigt

6.6 Probleme bei der Bewertung der Wirtschaftlichkeit

Einziges Problem – neben der richtigen Wahl der Randdaten – ist im Beispielprojekt die Gleichbehandlung der Maßnahmen. Das bedeutet, Ziel der Kostenermittlung sollte es sein, jeweils ähnliche Modernisierungsziele für die nächsten 30 Jahre zu vergleichen.

Eine Variante mit Dämmung und einem neuen Kessel kann also nicht einfach einer Variante mit Solaranlage gegenübergestellt werden. Denn das Gebäude mit Solaranlage benötigt in den nächsten 30 Jahren auch mindestens eine Putzsanierung und einen weiteren Kessel, auch wenn der jetzige gerade neu ist. Aus diesem Grund der Vergleichbarkeit wurden im Beispielprojekt immer mindestens die Fassade und der Erzeuger betrachtet.

6.7 Darstellung der Ergebnisse

Für jede Maßnahme und jedes Paket werden die Investitionskosten, die dynamische Amortisation und der äquivalente Energiepreis dargestellt. Im grafischen Vergleich der Maßnahmen werden die Gesamtkosten im ersten Jahr und im Langzeitmittel gegenübergestellt (mit Angabe der Kostenanteile für Kapital, Energie, Wartung).

7 Sonstiges

An dieser Stelle werden abschließende Hinweise zur Erstellung eines Berichtes gegeben sowie Ansätze zur Abschätzung des Beratungsaufwands und -honorars.

7.1 Finden der besten Lösung einer Modernisierung

Wenn die Wirtschaftlichkeitsbewertung für verschiedene Maßnahmen sehr nahe beieinander liegende Ergebnisse liefert, die aber alle wirtschaftlich sind, dann sollte im Sinne der Energieeinsparung und der Langfristigkeit der Maßnahmen der (ökologisch oder energetisch) besten Lösung der Zuschlag gegeben werden. Für ein typisches Beispiel die dynamische Amortisation einer Außenwanddämmung ergeben sich z.B. folgende Werte:

- 12 cm Dämmung = 19 a
- 16 cm Dämmung = 16 a
- 20 cm Dämmung = 14 a
- 24 cm Dämmung = 17 a
- 28 cm Dämmung = 21 a

Das Kostenminimum verläuft unter den Annahmen der Berechnung sehr flach. Daraus kann man ableiten: ob sich die Investition nach 17 oder 14 Jahren rechnet, ist aus heutiger Sicht fast egal – oder liegt im Rahmen der Rechenungenauigkeiten. Daher können auch mit gutem Gewissen 24 cm aufgebracht werden. Damit ist man langfristig sicherer gegen Energiepreissteigerungen. Vielleicht kommen sogar 28 cm in Betracht?

7.2 Wertanalyse als Entscheidungshilfe für Unentschiedene

Können keine eindeutigen Empfehlungen ausgesprochen werden, weil alle Maßnahmen oder Pakete sowohl Vor- als auch Nachteile haben, kann eine Wertanalyse bei der Entscheidung helfen. Das Verfahren ist bekannt von der Stiftung Warentest.

- Beispiel: die Entscheidung zwischen zentraler Kesselanlage und Etagenheizungen

Bei der Wertanalyse werden die Kriterien, unter denen die verschiedenen Vorschläge beleuchtet werden, zunächst untereinander gewichtet. Ziel: die Merkmale, die wichtig sind, erhalten einen großen Anteil an der Entscheidung.

- Beispiel: 40 % hohe Wirtschaftlichkeit / 30 % etwas für die Umwelt tun / 15 % gute Umsetzbarkeit im bewohnten Haus / 15 % Finanzierbarkeit

Dann werden alle Alternativen mit Punkten – z.B. von null bis zehn – bewertet. Je besser die Alternative abschneidet, desto höher ist die Punktzahl.

- Beispiel: zentraler Kessel 7 P / 5 P / 5 P / 4 P,
- Etagenheizung 5 P / 4 P / 7 P / 8 P für die oben genannten 4 Kriterien.

Die Punkte werden anhand der Gewichtung gezählt und die beste Variante erhält den Zuschlag.

- Beispiel: 0,40 x 7 P + 0,30 x 5 P + 0,15 x 5 P + 0,15 x 4 P= 5,65 P.
- Etagenheizung 5,45 P.

Fazit: Es wird die Zentralheizung installiert. Weitere Ausführungen zur Wertanalyse sind im Internet unter www.delta-q.de zu finden.

7.3 Berichte für Eigentümer und Vermieter

Eine Beratung bzw. der zugehörige Bericht kann sich bei selbst genutzten Immobilien oder Mietimmobilien unterscheiden. Der Unterschied der Gutachten liegt vor allem in der Interpretation der Wirtschaftlichkeitsberechnung.

Eigentümer = Nutzer:

Die Wirtschaftlichkeitsberechnung mit Ausweis der Gesamtkosten (Summe Kapital, Energie, Wartung/Unterhalt) ist Standard. Die Lösung mit den geringsten Kosten ist die wirtschaftlichste.

Vermieter + Mieter:

Der Vermieter trägt die Kapitalkosten, der Mieter die Energiekosten. Daher eignen sich die Gesamtkosten nur bedingt zu einer Aussage über die Wirtschaftlichkeit. Die Grunddaten der Wirtschaftlichkeitsberechnung können aber verwendet werden, um Schlüsse über die künftigen Mietkosten zu ziehen. Die zusätzlichen Kapitalkosten für den Vermieter müssen umgelegt werden auf die Mietkosten. Wenn der Mieter aber trotz der höheren Kaltmiete zusammen mit den geringeren Energiekosten keine Mehrkosten hat, ist es für beide ein Gewinngeschäft. Entsprechende Ausführungen können bei Bedarf im Bericht gemacht werden.

7.4 Über das Aussprechen von Empfehlungen

Für Ihren Bericht ist es sehr wichtig, dass Sie am Ende eine Empfehlung aussprechen. Auch wenn die Ergebnisse Ihrer Untersuchungen nicht eindeutig sind, sollte die Empfehlung eindeutig sein. Wenn Sie dabei Ihre Meinung kundtun (müssen), spricht das für Sie! Denn nichts ist schlimmer als ein Bericht, der im Sande verläuft. Also enden Sie vielleicht so:

"Alle geprüften Einsparmaßnahmen sind wirtschaftlich und liegen in ihrer Amortisation nahe beieinander. Allein aus der betriebswirtschaftlichen Sicht müsste man Variante 1 den Vorzug geben, ich empfehle Ihnen dennoch Variante 3 umzusetzen, weil deren Amortisationszeit nur unbedeutend länger ist. Sie können damit sowohl einen Beitrag für die Umwelt leisten als auch den Wert Ihres Hauses entscheidend erhöhen. Und das sind die nächsten Schritte für Sie...".

7.5 Angebot und Honorierung von Beratungsleistungen

Über den Angebotswert einer Energieberatung kann man nur spekulieren. Folgendes ist für Ihr Honorar ausschlaggebend:

Welche Rechnungen sollen / müssen gemacht werden und damit honoriert werden?

- Allgemeine Energieberatung oder BAFA-Energieberatung?
- Anzahl der Bilanzen mit freien Randdaten (Bestand und x Verbesserungen)?
- Anzahl der Wirtschaftlichkeitsbewertungen mit Kostenermittlung?
- Erstellung von Nachweisen für Förderung (z.B. KFW) gewünscht? Wie viele?
- Erstellung von EnEV-Nachweisen gewünscht? Wie viele?
- Erstellung von anderen Nachweisen (z.B. Passivhausnachweis) gewünscht? Wie viele?
- Erstellung eines Energieausweises gewünscht?

Was muss an Daten woher organisiert werden?

- vorhandene Pläne oder geometrisches Aufmaß?
- U-Werte aus Unterlagen, Typologien oder Materialproben?
- Technik aus Bestandsunterlagen oder Begehung und eigener Recherche?
- Verbrauchsdaten?

Für das einfache, hier dokumentierte Mehrfamilienhaus wurde eine Beratung nach BAFA durchgeführt und KFW-Nachweise erstellt. Die Pläne lagen vor, die U-Werte wurden mit Hilfe von Typologien bestimmt, die Technik war sehr gut dokumentiert, Verbrauchsdaten lagen vor. Es gab 2 Termine vor Ort. Berechnet wurden verhältnismäßig viele Varianten (12 Einzelmaßnahmen mit IWU, 6 Pakete mit IWU und EnEV). Gesamtkosten von 1200 ... 1500 € sind realistisch.

Empfehlung: machen Sie sich eine Liste (z.B. Excel) mit Einzelpreisen für die Beratung. Verwenden Sie Ihre Erkenntnisse zum persönlichen Zeitaufwand. Beispielsweise ergibt sich nachfolgendes Schema, in das jeweils nur noch die Gebäudefläche und die Anzahl von Varianten zu ergänzen ist.

Mehrfamilienhaus

			Einzelpreis		Anzahl		Gesamt
Auf-nahme	Flächen	Pläne vorhanden	0,25	€/m²	450	m²	112,50 €
		keine Pläne vorhanden	0,75	€/m²		m²	0,00 €
	U-Werte	vorhanden	0,10	€/m²		m²	0,00 €
		Typologien	0,20	€/m²	450	m²	90,00 €
		Proben					0,00 €
	Technik	Unterlagen vorhanden	0,15	€/m²	450	m²	67,50 €
		keine Unterlagen vorhanden	0,30	€/m²		m²	0,00 €
	Nutzer-verhalten	Befragung	0,10	€/m²	450	m²	45,00 €
		Abschätzung	0,05	€/m²		m²	0,00 €
	Verbrauch	Auswertung gewünscht	0,20	€/m²	450	m²	90,00 €
Bilanzen	freie Randdaten	Bestand ohne Verbrauchsabgleich	0,30	€/m²		m²	0,00 €
		Bestand mit Verbrauchsabgleich	0,45	€/m²	450	m²	202,50 €
		Verbesserungsmaßnahmen	20	€/Stück	5	Stück	100,00 €
	Nachweise als Zusatzleistung	EnEV oder KFW	100	€/Stück		Stück	0,00 €
		Passivhausnachweis					0,00 €
		Energieausweis	100	€/Stück		Stück	0,00 €
Wirt-schaft-lichkeit	Kostener-hebung	Schätzung	0,15	€/m²	450	m²	67,50 €
		Angebote					
	Berechnung	Verbesserungsmaßnahmen	15	€/Stück	5	Stück	75,00 €
Bericht	Erstellung	Allgemein	60	€/Bericht		Bericht	0,00 €
		BAFA	80	€/Bericht	1	Bericht	80,00 €
	Nachweise	alle	25	€/Nachw.		Nachw.	0,00 €
Termine vor Ort			40	€/Termin	2	Termine	80,00 €
Summe							**1010 €**

Einfamilienhaus

			Einzelpreis		Anzahl		Gesamt
Auf-nahme	Flächen	Pläne vorhanden	0,40	€/m²	120	m²	48,00 €
		keine Pläne vorhanden	1,00	€/m²		m²	0,00 €
	U-Werte	vorhanden	0,10	€/m²		m²	0,00 €
		Typologien	0,30	€/m²	120	m²	36,00 €
		Proben					0,00 €
	Technik	Unterlagen vorhanden	0,20	€/m²	120	m²	24,00 €
		keine Unterlagen vorhanden	0,40	€/m²		m²	0,00 €
	Nutzer-verhalten	Befragung	0,20	€/m²	120	m²	24,00 €
		Abschätzung	0,10	€/m²		m²	0,00 €
	Verbrauch	Auswertung gewünscht	0,30	€/m²	120	m²	36,00 €
Bilanzen	freie Randdaten	Bestand ohne Verbrauchsabgleich	0,40	€/m²		m²	0,00 €
		Bestand mit Verbrauchsabgleich	0,60	€/m²	120	m²	72,00 €
		Verbesserungsmaßnahmen	20	€/Stück	5	Stück	100,00 €
	Nachweise als Zusatzleistung	EnEV oder KFW	100	€/Stück		Stück	0,00 €
		Passivhausnachweis					0,00 €
		Energieausweis	100	€/Stück		Stück	0,00 €
Wirt-schaft-lichkeit	Kostener-hebung	Schätzung	0,20	€/m²	120	m²	24,00 €
		Angebote					
	Berechnung	Verbesserungsmaßnahmen	15	€/Stück	5	Stück	75,00 €
Bericht	Erstellung	Allgemein	60	€/Bericht		Bericht	0,00 €
		BAFA	80	€/Bericht	1	Bericht	80,00 €
	Nachweise	alle	25	€/Nachw.		Nachw.	0,00 €
Termine vor Ort			40	€/Termin	2	Termine	80,00 €
Summe							**599 €**

Und nun wünschen wir Ihnen viel Erfolg bei der Beratung!

www.ingramcontent.com/pod-product-compliance
Lightning Source LLC
Chambersburg PA
CBHW050243230526
45470CB00005B/2084